I0467971

Tratamiento Solar FV de Agua:

Cómo Energizar Sistemas de Esterilización de Agua con Energía Solar FV para Agua Potable In Situ

por Christopher Kinkaid

Spanish Translation:

por Dr. Lisandro C. Vazquez Hernandez

 Solardyne.com

Published by Solardyne, LLC
Portland, Oregon

ISBN-13: 978-1500536282
ISBN-10: 1500536288

Índice

Prefacio   3

Acerca del Libro   5

Sobre el Autor   9

Introducción   11

Capítulo Uno: Cómo Trabajan los Esterilizadores   15
UV de Agua

Capítulo Dos: Seleccionando el mejor Esterilizador   21
de Agua

Capítulo Tres: Paneles Solares FV para   33
el Suministrode Potencia

Capítulo Cuatro: Tratamiento Solar UV de Agua   47
a 4 GPM (15,14 LPM)

Capítulo Cinco: Tratamiento Solar UV de Agua   61
para 8 GPM (30,28 LPM)

Capítulo Seis: Tratamiento Solar UV de Agua   71
para 12 GPM (45,42 LPM)

Capítulo Siete: Tratamiento Solar UV de Agua   81
para 30 GPM (113,56 LPM)

Capítulo Ocho: Guía Ràpida de Ejemplos para   91
Tratamiento Solar UV de Agua

Prefacio

La esterilización de agua es un trabajo arduo. Los esterilizadores de agua energizados con electricidad solar FV son un medio efectivo para esterilizar agua desde fuentes locales polutas, aún agua salobre, con seguridad, fiable y sin costos de combustible. El agua encontrada en la naturaleza está llena de elementos patógenos que pueden causar infecciones y enfermedades. Los esterilizadores ultravioletas (UV) matan el 99.99% de todos los patógenos dañinos y aportan un agua potable y segura para beber. La necesidad del tratamiento de agua usualmente surge en sitios muy lejanos de una red eléctrica.

Estos sitios y localidades remotos, así cómo en ocasiones de Desastres Naturales o Provocados por el Hombre, a menudo necesitan de un tratamiento de agua in situ, pero adolecen del equipamiento y del suministro de potencia para energizar los equipos de esterilización de agua en esos sitios. Los esterilizadores de agua alimentados con energía solar FV ofrecen la solución completa para el tratamiento y esterilización de agua en sitios remotos.

Este Book se enfoca en el tratamiento UV de agua para 4 Galones por Minuto (15,14 Litros por Minuto) que son 43,000 Galones por Día (167,772.2 Litros por Día) – todo con Energía Solar. Están incluidos ejemplos de Suministro de Potencia Solar específicos, con Listado de Componentes, para energizar esos sistemas de tratamiento solar FV de agua en sus localidades remotas y no conectadas a una red eléctrica.

Nota: Los sistemas UV con energía solar listados son para pozos o Fuentes superficiales de agua salobre y/o poluta. En el caso de Fuentes de Agua Salada, entonces se requieren equipos de Desalinización Antes de la fase de Tratamiento UV de agua.

Acerca del Libro

Este libro está escrito cómo una guía paso a paso para definir la "estadística vital" de su proyecto de tratamiento solar de agua, y seleccionar el equipamiento correcto para que puede realizar un buen trabajo. Si usted tiene en mente un proyecto específico de Esterilización Solar FV de Agua, visite entonces la Lista de ejemplos de Sistemas con Potencia Solar FV localizada en la Guía Rápida del capítulo Ocho.

Nota: Los Sistemas UV con Energía Solar FV listados son para pozos, o fuentes superficiales de agua que son salobres o polutas. En el caso de Agua Salada, es necesario primero realizar un proceso de Desalinización con el equipamiento requerido, Antes de la fase de tratamiento UV de agua.

La **Guía Rápida** contiene hipervínculos que lo llevan a un Sistema de Esterilización UV de con Producción Total Diaria de Agua, y el suministro de Potencia Solar FV necesario para su operación. Los sistemas de Agua UV están definidos por la tasa de Caudal, y los Galones Por Día (GPD) entregados. Los ejemplos de suministro de potencia Solar FV están definidos por los GPD de agua potable entregada. Si usted está sacando agua desde una fuente de Agua Salada, entonces necesitará ver un Sistema de Ósmosis Inversa (SOI) antes del esterilizador UV, en el Capítulo 8. Los Capítulos 4 - 7 tratan sobre fuentes de agua "Fresca" tales como estanques, arroyos, lagos y corrientes (ya sean salobres o polutas), y el Capítulo 8 enfocado a las fuentes de agua Salada.

Los sistemas de Tratamiento UV de agua listados en los ejemplos están basados en diferentes tasas de caudales. Existen Cuatro sistemas de esterilización UV de agua, que incluyen 4, 8, 12, y 30 Galones Por Minuto. Cada uno de esos sistemas tundra varios Sistemas de Potencia Solar definidos por la potencia que necesitará cada sistema UV para trabajar 4, 8, 12, y 24 Horas por Día, respectivamente. Seleccione su sistema de tratamiento UV energizado con Energía Solar FV basado en su caudal deseado y en la cantidad de Galones por Día que usted necesita esterilizar para hacer coincidir mejor estos dos elementos en su proyecto. Los ejemplos incluidos abarcan un rango desde 240 GPD (908.5 LPM) hasta 43, 200 Galones Por Día (163,529.3 Litros por Día) – todo sin quimicales, o costos de combustibles.

En el **Capítulo 2** se describen los procesos Paso a Paso para definir el sistema de Tratamiento UV de Agua para su propio diseño de sistema, o para hablar con un vendedor externo. Use este proceso para determinar la "estadística vital" de su sistema y el Dimensionado de su sistema UV y de su sistema Solar FV para un suministro energético fácil.

El **Capítulo 3** discute el Suministro de Energía Solar, y cómo los están configurados los ejemplos listados en este eBook.

Los **Capítulos 4** – 7 describen los Sistemas de Tratamiento UV de agua y el correspondiente suministro de potencia solar FV para entregar un volumen determinado de agua potable, lista y segura para beber, así como los paneles solares FV y los componentes eléctricos que usted deberá usar para operar su esterilizador UV con la mayor productividad.

En el **Capítulo 8** se discuten los sistemas de Tratamiento UV de Agua para Fuentes de agua salada, con suministro de Energía Solar. Los Sistemas de Energía Solar FV están definidos por la potencia y energía total que pueden aportar para su carga. En todos los casos los paneles solares FV cargarán un banco de baterías para proveer de potencia y energía a los esterilizadores UV a cualquier hora del día o de la noche.

Este Book "Tratamiento UV de Agua con Energía Solar" fue escrito para convertirse en un recurso para el planeamiento y la implementación de un Sistema de Esterilización UV de Agua Energizado con Electricidad Solar FV para entregar agua potable, limpia y segura en sitios remotos. Ideal para cabinas y casas remotas, y para instalaciones de viviendas, residenciales, comerciales no conectadas a red eléctrica alguna, así como para Apoyo a Desastres, o en cualquier localidad donde no exista o esté limitada la electricidad local y la necesidad de agua limpia sea aguda. Los paneles solares son una excelente selección de suministro energético que facilita a los sistemas de tratamiento de agua operar donde la electricidad convencional no está presente, o para suministrar respaldo cuando una fuente eléctrica local la caído debido aún desastre.

Sobre el Autor

Christopher Kinkaid

Christopher (Toby) Kinkaid, originario de Portland, Oregón, es el fundador de **Solardyne.com**, **SolarQuote.com**, y de **AlgaeToday.com**, y ha trabajado en tecnologías de energías limpias por más de tres décadas. Kinkaid, es el inventor del Generador Eólico de Eje Vertical "Helyx", el modulo solar FV concentrador "Mariposa Non-imaging" (operación continua en el Laboratorio Nacional de Sandia desde 1994), las lentes ópticas de concentración solar Demultiplexer (Dr. James/Sandia National Laboratory 1991), y es el inventor de un original paquete de energía solar "Solar Power Pack" (Mother Earth News, "Littlest Utility" Junio/Julio, 2001).

Asímismo, Kinkaid, ha sido un conferencista oficial y presentador de tecnologías de energías limpias en diversos eventos alrededor del mundo incluyendo "APEC", Bangkok, Tailandia, 2003, "Energy Solutions World", Tokio, Japón, 2003, la Conferencia Internacional de Biomasa (IBC), 2010, Minneapolis,

MN, y la Conferencia de la Organización de Biomasa Algal (ABO), 2010, Phoenix, AZ.

Christopher (Toby) Kinkaid, ha aparecido en interviews y entrevistas en KOIN TV, KGW TV, y en "Sustainable Today" producido en Oregón, y ha servido en el comité de directores para la Asociación Nacional del Hidrógeno de USA, en Washington D.C., 1993, la Compañía Japonesa de Comunicación por Satélite (JCNET), Fukuoka, Japón, 1994-95, y en Algaedyne Corporation, Preston, MN, 2010-2013. Kinkaid, actualmente sirve como CEO de Solardyne, LLC en Portland, Oregón, donde continúa su trabajo como especialista en aplicaciones, desarrollo e investigaciones de Tecnologías Solares, Eólicas y de Biomasa.

Introducción

La necesidad de agua limpia es fundamental para la vida. Sin agua limpia para beber, no hay civilización. La luz solar natural contiene rayos ultravioletas (UV) que son capaces de destruir los elementos patógenos que se encuentran en el agua, mediante la ruptura del ADN de sus células. Hoy la tecnología moderna toma un trozo de la naturaleza u y utiliza los bulbos de luz YV de alta eficiencia para irradiar agua poluta matando el 99.99% de todos los patógenos dañinos existentes en el agua.

Irradiando su agua con fuertes niveles de rayos UV se destruyen esos organismos patógenos, permitiéndole abastecerse de agua desde pozos o Fuentes superficiales tales como arroyos, estanques, ríos, y Corrientes cómo una fuente de abastecimiento de agua potable.

Hoy día, los paneles de electricidad solar (FV) pueden energizar los esterilizadores UV, produciendo disponibilidad de energía limpia en sitios remotos, son fáciles de instalar, de costo efectivo, y ofrecen rendimiento y fiabilidad sobresalientes donde cuenta la operación día a día. Los paneles solares FV son sólidos, no tienen partes móviles, son evaluados para condiciones extremas y a menudo con garantía de 25 años, haciendo fiable este suministro de potencia.

Con diseño propio y una adecuada selección de equipamiento (el punto de vista de este eBook), los sistemas de Tratamiento UV de Agua con energía solar son sorprendentemente productivos purificando agua desde 4 Galones Por Minuto (15.12 Litros por Minuto) hasta decenas de miles de Galones Por día (Centenas de Miles de Litros por Día). Los sistemas de potencia Solar FV cargarán un banco de baterías comerciales para proveer de energía al esterilizador UV de agua contra demanda 24/7 (Es decir 24 horas diarias los 7 días de la semana)

Este Book incluye ejemplos de suministro de potencia solar FV basado en la cantidad de agua que se necesita esterilizar. La operación de las lámparas UV por cuatro horas diarias o la operación de veinticuatro horas de uso continuo.

El presente Book está concebido como una guía Paso a Paso, para la primera definición de su sistema de Esterilización UV de agua, y luego hacer coincidir ese proyecto con uno de los ejemplos aportados para el Suministro de Energía Solar. Si usted necesita más agua tratada que las cantidades que se ofrecen en la lista de ejemplos, use el Capítulo Dos para definir su proyecto de modo que su suministrador de Esterilizador UV de Agua puede identificarle rápidamente el sistema correcto que deberá utilizar para su proyecto específico.

El tratamiento y la esterilización de agua son vitales. El agua se necesita dondequiera que el ser humano opera, y el agua limpia potable puede ser producida en la misma fuente de agua, aún cuando sea salobre. Los paneles solares eléctricos (FV) son la vía más efectiva para energizar los esterilizadores UV con gran rendimiento, fiabilidad y sin costos e combustible en sitios remotos.

Los desastres naturales, emergencias provocadas por el hombre y las áreas remotas necesitan tratamiento de agua, dondequiera que el ser humano se haya establecido. Los paneles eléctricos solares, a precios históricamente más bajos, pueden ser su solución de suministro de energía a los esterilizadores UV.

Los esterilizadores UV usan luz Ultra-Violeta de alta intensidad para matar los elementos patógenos que se encuentran viviendo en las fuentes naturales de suministro de agua. El agua limpia puede ser producida desde las fuentes de agua Fresca y de agua Salada. Este Book está diseñado como una guía para dimensionar y construir su sistema único de tratamiento UV de agua con energía solar FV, un sistema de tratamiento UV de agua no conectado a la red, con suministro de energía solar independiente.

El agua limpia es una necesidad vital. Los paneles solares FV están bien ubicados para suministrar energía a los sistemas de esterilización para sitios remotos. Este Book está escrito para ser un recurso en este sentido y que apoye ese esfuerzo.

Capítulo Uno – Cómo trabajan los Esterilizadores UV de Agua

La luz ultravioleta hace mucho es conocida como un método ideal para producir agua potable segura a partir de fuentes polutas. Hace muchos años los científicos descubrieron que la luz con longitudes de ondas UV pueden destruir los organismos patógenos causantes de infecciones que se encuentran en el agua que tomamos, mediante la ruptura del AND de sus células convirtiendo a esos organismos en inertes. Producida por vía natural artificial, la radiación UV de 254 nm adecuadamente entregada es altamente efectiva para la esterilización de agua de los elementos patógenos.

La luz UV a una dosis suficiente, es un esterilizador que destruye efectivamente todas las bacterias comunes, los virus y las esporas que se encuentran regularmente en el agua, incluyendo, Coliform, E. coli, Cryptosporidium, Hepatitis, Influenza, M. tuberculosis, Giardia, V. cholera, Legionella, Salmonella, B. anthracis, por mencionar a algunos.

La luz UV light cómo esterilizador, con filtros adecuados, mata el 99.99% de los patógenos presentes en el agua, sin uso de químicos, convirtiendo al agua salobre en limpia, potable y placentera para tomar.

En desastres Naturales o provocados por el Hombre, la red eléctrica es lo primero que se va. El tratamiento de agua y de desperdicios, si existe en el sitio, está menudo comprometido fatalmente con la existencia de desastres, eliminándose la infraestructura o la disponibilidad de suministro para hacerla funcionar. Los sistemas de potencia FV no conectados a red o aislados pueden suministrar potencia para un sistema de tratamiento de agua individual, y tienen mayor oportunidad de mantenerse operacionales en un desastre al no estar conectados a la red.

Las tecnologías UV mimetizan la naturaleza para eliminar a los patógenos causantes de infecciones en el agua. Actuando igual que los rayos UV solares, los rayos UV de los sistemas artificiales atacan el ADN de los patógenos, matando sus células y hacienda que su agua sea segura para beber.

Los sistemas de Tratamiento UV del Agua usan energía eléctrica para alimentar lámparas UV de gran potencia. Estas lámparas están rodeadas por un tubo transparente de agua que impulse el agua hacia arriba y alrededor del tubo a todos los ángulos bajo la irradiación UV para un caudal dado.

La energía requerida por el sistema de esterilizador UV es muy baja ya que los balastros de las lámparas UV son muy eficientes. El requerimiento de baja potencia de los esterilizadores UV los hace buenos para ser potenciados con energía solar in situ. Los sistemas solares FV de tratamiento UV de agua encajan bien para usos prácticos en localidades remotas, y cómo este eBook espera mostrar, es una gran ventaja para el operario instalador.

¿Por qué Esterilizar Agua con Tratamiento UV?

Hay muchas formas para esterilizar agua. Los patógenos dañinos que están en el agua pueden ser destruidos usando ozono, Peróxido de hidrógeno, Cloruros, y aún radicales Hidroxilos (OH), y si se diseñan bien, pueden ser muy efectivos. Sin embargo, ninguno de esos enfoques ha alcanzado la madurez suficiente para ser costo efectivo en áreas remotas, y con energía solar, cómo lo ha hecho y se ha convertido, según la experiencia del autor.

El tratamiento y esterilización UV de agua usa un enfoque de primer filtrado de todos las partículas con el filtro de sedimentos o los filtros. A continuación el sistema UV filtra las partículas remanentes (por debajo de 5 Micrones) con un filtro de Bloque de Carbón. Una vez que las partículas son eliminadas, la etapa final comienza con una dosis alta de irradiación UV. Subiendo en espiral y alrededor hacia arriba de la lámpara UV, una fina corriente de agua es irradiada desde todos los ángulos, destruyendo todos los microorganismos con un 99,99% de remoción. Los sistemas de tratamiento UV de agua se automonitorean, y están provistos de alarmas de peligro si las lámparas UV fallan por debajo de los estándares por cualquier razón.

Ventajas del Tratamiento UV para esterilización de Agua:

No se utilizan químicas en el uso de la esterilización UV y por tanto no hay impacto ambiental, no hay residuales, y no hay sobredosis posible, como con los tratamientos Químicos. La tecnología UV, al no usar químicos, no produce subproductos químicos que otros enfoques químicos pueden introducir, tales como la combinación de cloruros y orgánicos que producen trihalometanos. Los esterilizadores UV de agua son los más usados en aplicaciones de "Uso Puntual." Instalados en el "Punto de consumo" cómo la última etapa en el tratamiento de agua, los esterilizadores UV ofrecen tiempo real, e inmediata entrega del "Agua Potable." Esta capacidad de "Tratamiento Inmediato" asegura que el agua que usted está entregando es potable preparada sobre los estándares lista para su consumo por la población. Los esterilizadores UV de agua que usan filtros de Bloque de carbón de 5 Micrones, no originan cambio en Sabor, Olor, pH, o conductividad del agua. Los minerales esenciales elementos traza se mantienen disueltos en el agua produciendo un agua potable y saludable sobre la demanda.

Los sistemas de esterilización UV de agua se automonitorean y ofrecen Operación Automática. Son fáciles de instalar como una fábrica pre-ensamblada y sistema montable probado, los sistemas UV listados en los ejemplos siguientes más abajo, son fáciles de trabajar en condiciones de campo. La sustitución de los cartuchos de filtros y las lámparas UV cuando se requiera, es estrictamente fácil de hacer en unos cuantos minutos. El monitor de la lámpara UV suena la alarma si usted tiene alguna lámpara fuera, de modo que estos esterilizadores bien diseñados ofrecen fiabilidad en condiciones de trabajo.

Los sistemas de esterilización UV de agua son económicos de operar. Puede esperar al esterilización de Cientos de Galones Por Minuto por céntimos de costos de operación. Acoplados con un suministro de energía solar, su sistema de tratamiento UV de agua puede ser completamente construido libre de costos de combustible. Si su sitio o localidad es muy remota, la no transportación o compra de combustibles puede ser una gran ventaja.

Capítulo Dos – Definiendo Paso a Paso el Mejor Sistema de Tratamiento UV de Agua para su Trabajo

El dimensionado de su sistema de tratamiento UV de agua se hace todo sobre la entrega de galones Por Día. La lectura de este eBook le sugiere tener un proyecto de tratamiento UV de agua en mente. ¿Está su fuente de agua en un pozo, o una fuente superficial de agua, o una toma municipal?

Los siguientes pasos le definirán a usted sus necesidades de Tratamiento de Agua cómo la base para escoger el mejor hardware para el trabajo.

Paso Uno: ¿Cuál es la Fuente de su Agua?

La primera pregunta que nos viene es la siguiente: "¿Es su fuente de agua fresca o salada?" Fresca, o salada, puede ser de pozos, charcos, arroyos, Corrientes, estanques, lagos o pequeños ríos. Las Fuentes saladas de agua pueden ser desde el océano, o desde sitios cercanos al océano. Si usted necesita tratar agua salada, entonces necesitará un sistema de Ósmosis Inversa (SOI), que requiere su propio suministro de energía solar para pretratar el agua antes de ser esterilizada con UV.

Los sistemas de tratamiento SOI remueven las sales desde la corriente, pero no garantizan que el agua sea potable y segura para beber. Para eliminar las bacterias, virus y microorganismos patógenos, usted necesitará un sistema de esterilización UV de agua. Para fuentes de agua salada por favor visite el Capítulo 8, ya que deberá Incluir un SOI en su proyecto.

Paso Dos: ¿Cuál es la Presión en su Fuente de Agua?

Su fuente de agua tundra su propia presión, cómo una toma de agua municipal, o desde un tanque de agua, o no la tendrá. Si su fuente de agua no es presurizada usted necesitará proveerla de presión. Los esterilizadores UV de agua requieren de una presión de entrada de agua para trabaja, y tiene una presión máxima de trabajo de 125 PSI (8,5 bar).

La presión de agua común desde la municipalidad varía pero usualmente está en el rango de 30 psi (2,04 bar). Si su fuente de agua es la toma municipal entonces la presión vendrá de la que existe en la línea de alimentación y usted podrá conectarla directamente a su sistema de esterilización UV de agua.

Muchos sitios remotos usan Tanque o Cisterna, colocado encima de la cabina o de la casa, para suministrar la presión de agua. Este sistema de alimentación por "Gravedad" le da presión a la línea de agua dentro del esterilizador UV de agua. Si usted está construyendo su tanque, asegúrese de ubicar su tanque o cisterna al menos a 70 pies (21.34 m) por encima de la casa, en elevación, para suministrar una presión adecuada. La altura de 70 pies aportará la presión nominal de 30 PSI que usted necesita, y disfrute.

Si su Fuente de Agua es un Pozo, usted puede bombear su agua y almacenarla en el tanque, cómo se describe antes, o usted puede conectar una Bomba Solar de Agua separada, para bombear agua desde su pozo directamente a su sistema de tratamiento UV de agua.

El sistema de tratamiento UV de agua tundra un filtro en línea en la toma de entrada para comenzar a filtrar las partículas más grandes disueltas en el agua, tales como suciedades, mohos, óxidos, desechos, y otras escamas, con su segunda etapa de filtrado con filtro de Carbón elimina otras partículas menores y quimicales por debajo de 5 Micrones. Para más información sobre Suministro de Bombas Solares para bombas de Pozos, por favor refiérase a mi eBook "Bombeo Solar FV de Agua".

Si su fuente de agua es muy superficial, tal cómo un estanque, lago, arroyo, corriente, tanque o cisterna, debe agenciarse un medio de elevación de la presión. Una solución es conectar directamente una Bomba de Superficie al sistema de esterilización UV de agua.

La conexión de una Bomba de Superficie directamente a su esterilizador UV le permite a usted manar agua para su sistema desde una fuente absolutamente salobre y poluta. Ideal para condiciones reales generales. Las bombas de superficie también tienen un filtro En Línea situado antes de la bomba para eliminar partículas suspendidas. Los esterilizadores UV tendrán también un juego de Filtro En Línea para filtrado máximo. Para más información sobre especificaciones de Suministro de Bombas Solares para Bombas de Superficie, por favor refiérase a mi eBook "Bombeo Solar FV de Agua".

Paso Tres: ¿Cuál es la calidad de agua de mi Fuente de agua?

La fuente de agua que usted está usando cómo almacén es una consideración clave para seleccionar el equipamiento correcto. Si su fuente de agua es un pozo profundo, entonces usted estará en la mejor situación, ya que el agua profunda es usualmente muy limpia, y puede ser que no requiera de un sistema de filtrado adicional.

Sin embargo, si su fuente de agua es de un pozo, usted puede o bien acumular su agua en un tanque elevado, o bien conectar directamente su Bomba de Pozo Sumergible a su esterilizador UV. Vea "Bombeo Solar FV de Agua" para mayor información sobre bombas sumergibles.

Si usted parte de una Fuente Superficial de Agua, tal cómo un charco, estanque, corriente, arroyo, río, o cualquier otro tipo de fuente superficial, entonces usted ciertamente tundra partículas y otros tipos de polución presente. Para fuentes superficiales usted necesitará una Bomba de superficie para proveer al sistema de la presión de trabajo necesaria para el buen funcionamiento del sistema de tratamiento UV de agua. Vea "Bombeo Solar FV de Agua" para mayor información sobre bombas superficiales. En todos los casos el agua proveniente de fuente superficial debe ser filtrada.

Los sistemas de esterilizadores UV listados aquí en los ejemplos tienen dos etapas de filtración. La primera etapa es la fase de Sedimentación. Los Filtros en Línea vienen en forma de cartuchos y están calibrados para partículas por debajo de 5 Micrones. El filtro de sedimentos extrae las partículas más largas del agua tales como suciedades, óxidos, y otras partículas suspendidas en el agua.

La segunda etapa de filtración es con un filtro tipo Bloque de Carbón, que separa los cloruros, olores y sabores y cualquier otra partícula que pase a través de la primera etapa, separando también las partículas por debajo de los 5 Micrones.

Si usted está frente a una calidad de agua particularmente desafiante, entonces añada Filtros Adicionales en línea. Otro juego de Filtros de Cartucho de Primera Etapa de 10" (254 mm) o 30" (762 mm) y filtros de Segunda etapa, baja los parámetros del agua hasta niveles estándar.

Turbiedad - (Sólidos Suspendidos)

La turbiedad de su fuente de agua es importante. Las partículas suspendidas en el agua pueden abarcar, o bloquear, la luz UV al alcanzar cada microorganismo en el agua. El Filtro de Sedimentación de Primera Etapa (5 Micrones) eliminará la suciedad, los óxidos y las partículas largas. El filtro de Bloque de Carbón de la Segunda Etapa (5 Micrones) barrerá cualquier cloruro y otras pequeñas partículas dejando a su agua lista para la etapa final de absorción de la irradiación UV.

Muestra de su agua y prueba de turbiedad. Usted necesitará mantener la turbiedad del agua a Menos de 1.0 NTU. Los filtros En Línea antes mencionados deben operar en las mejores condiciones para alcanzar estos niveles de menos de 1.0 NTU. Si la fuente de agua tiene una turbidez masiva, use entonces un juego de filtros adicionales de cartucho En Línea como pre tratamiento.

TSD - (Total de Sólidos Disueltos)

El nivel de TSD no debe exceder las 500 ppm (partes por millón). La Dureza Total (sales de Calcio y Magnesio) debe ser Menor de 10 gpg (Granos por Galón). Si su muestra excede de este valor, debe añadirse En Línea un Ablandador de Agua antes de los filtros.

Los Taninos y los Colores deben ser Menor de 2 ppm en su muestra, o necesitará un pre tratamiento de ablandador de agua.

Hierro – Debe ser Menor de 0.33 ppm.

Manganeso – Debe ser Menor de 0.05 ppm.

Si su muestra excede cualquiera de estos estándares, necesitará adicionar filtros, o un ablandador de agua que actúe como Pre tratamiento y pre limpiador de su agua de entrada. Los filtros instalados (Filtros de Sedimentos de la Primera Etapa y Filtros de Carbón de la Segunda Etapa) incluidos en su sistema de tratamiento UV irán posteriormente. Luego irradie el agua con una dosis fuerte de UV, lo cual dejará el agua limpia, placentera y potable.

Paso Cuatro: ¿Cuánta agua necesito diariamente en Galones por Día?

Las dimensiones de su suministro de Potencia Solar están directamente relacionadas con la cantidad de agua que usted desea esterilizar. Mientras más agua necesite, mayor será su sistema de potencia solar FV a construir.

Las demandas residenciales varían con el uso y el estilo de vida. Residential demands vary with use and lifestyle. Las pequeñas cabañas, las cabinas las casas de hasta 3 personas usualmente necesitan como mínimo 240 Galones por Día (908.5 Litros) para beber, cocinar, aseo, etc. Vienen a ser unos 80 GPD (302.8 LPD) por persona incluyendo todos los usos para consume general, sin embargo, debe analizar sus necesidades reales de agua y elaborar su gráfico de GPD.

Paso Sies: ¿Cuánta energía solar necesito para energizar el Sistema UV?

La cantidad total de Agua Diaria que usted esterilice es la cuestión clave para dimensionar su sistema de suministro de potencia Solar. Los Sistemas Muestra listados más abajo han sido ya calculados, no obstante si desea dimensionar su propio sistema, la siguiente información será de gran utilidad.

Los esterilizadores UV de Agua están normalmente tasados en Galones Por Minuto (GPM). Como son 60 minutos por hora, cada hora de agua bombeada será 60 veces los GPM. Si los GPM son 10, entonces en una hora podría entregar 600 Galones. Los paneles eléctricos solares, en cambio, entregan energía durante el día, y nosotros estimamos cuántas "horas Pico equivalente una localidad dada recibe del Sol para calcular cuánta energía un panel solar FV dado podrá producir.

El Sol es una ponderosa fuente de energía. En términos de potencia pico en energía solar, el sol está tasado para Condiciones de Evaluación Estándar (STC). Esas condiciones definen la densidad de potencia pico de la energía solar en la superficie de la Tierra a 1,000 Watt de potencia por Metro Cuadrado (cerca de 10.5 pie cuadrados). Nota: Las STC también definen la cantidad de masa de aire que toma el paso del sol (1.5 AMO), temperatura estándar de 25 grados C (77 grados F), la velocidad del viento de 2 metros/seg, para una mejor definición de esas condiciones estándar para evaluación.

Para determinar cuánta Energía Solar usted tiene en su localidad vea las **Horas-Pico de Sol** para su localidad en un Mapa Solar. En nuestros ejemplos de aquí estamos usando una localidad en Kansas con 5,5 Horas Pico de Sol. Observe la tasa de horas pico para su localidad.

El recurso energético solar produce, en condiciones pico, en un cielo claro, 1 Kilowatt (1,000 Watts de potencia óptica disponible para la conversión) por cada metro cuadrado. Los módulos de electricidad solar (Paneles Fotovoltaicos FV) convierten está energía óptica en Corriente Directa o Continua (CD o CC) con buena eficiencia entregando cerca de 140 Watt de electricidad por metro cuadrado.

Los paneles FV están "bien conectados" para producir el voltaje deseado. Cada "Celda" solar produce cerca de 1/2 Volt CD por sí misma. Asombrosamente, aún bajo condiciones solares de nubosidad producen buenos voltajes.

La cantidad de energía solar que golpea el panel FV conduce a una cantidad de "Corriente" que las celdas producen. A más sol directo, más producción de corriente. Las celdas solares están interconectadas para producir módulos solares que usted podrá usar para su proyecto de Tratamiento UV de Agua.

Un metro cuadrado de luz solar produce una fuerza eléctrica potente. Produciendo 140 Watt a 12 VCD se genera una corriente de un poco más de 10 Amperes. Ésta es una cantidad respetable de potencia y puede esterilizar una cantidad asombrosa de agua.

Cuando usted conoce su Volumen de agua por Día deseado para un proyecto dado de sistema de esterilizador UV de agua, entonces usted está capacitado para dimensionar y energizar ese proyecto con el sistema adecuado de energía solar FV. En los Capítulos siguientes hablaremos sobre diferentes sistemas de Esterilización UV de Agua para volúmenes y caudales de agua determinados.

Paso Siete: Seleccione el Mejor Sistema de Tratamiento de Agua con Energía Solar FV.

A partir de los Capítulos siguientes, se selecciona el mejor sistema UV energizado con paneles solares FV para su proyecto. Haga coincidir el Ejemplo de Sistema que mejor concuerda con su Cantidad Total de Agua deseada que usted desea entregar Cada Día en Galones Por Día (GPD). Algunas aplicaciones, tales como procesamiento de alimentos, pueden requerir caudales aún mayores. Los sistemas listados mas abajo están organizados por Caudal y Galones Totales por Día entregados.

Una vez conocida esa estadística vital Acerca de su proyecto de tratamiento UV de agua con energía solar, su suministrador de equipamiento puede conocer como configurar su sistema. Vuestra otra elección consiste en hacer coincidir de entre los sistemas presentados en este Book uno de ellos con el que se acerque a las condiciones y requerimientos de tratamiento de agua de su proyecto. Si no ve un sistema lo suficientemente potente dentro de los listados, entonces vaya a los pasos superiores y visite **Solardyne.com** en la red de redes www para más información sobre sistemas mayores.

Capítulo Tres: Sistemas de Potencia Solar usando Paneles Solares FV que Cargan Baterías para el Suministro de Potencia.

El Sol es una fuente de energía potente e ideal para energizar sistemas de esterilización FV de agua en zonas remotas. Los módulos solares producen fuertes corrientes CD, y están bien aptos para condiciones extremas por su probada durabilidad y fiabilidad. Los paneles solares FV producen fuertes voltajes aún en bajos niveles de iluminación aportando alguna capacidad para cargar su banco de baterías aún en clima nuboso. Los arreglos solares FV se configuran para suministrar un determinado rendimiento especificado sobre un amplio rango de condiciones climáticas. Por consiguiente, los sistemas solares FV de carga de baterías están "sobredimensionados" para compensar la variabilidad del recurso solar en la localidad.

Los sistemas de Tratamiento UV de Agua requieren de un suministro de potencia. La "energía" total requerida para potenciar una carga eléctrica se calcula a partir del conocimiento de la demanda de potencia, y de las horas por día que usted puede operar el equipamiento. La Energía es igual a la Potencia por el Tiempo. Un Kilowatt de potencia usado durante una Hora requiere un Kilowatt-hora (kWh) de energía.

La luz solar natural contiene luz de muchas longitudes de onda, y pueden ser utilizadas, separadamente, con diferentes propósitos. Las longitudes de onda cortas (200-400 nm), como las UV son ideales para usos de tratamiento y esterilización de agua. Las longitudes de onda visibles (400-720 nm), del Violeta, Índigo, Azul, Verde, Amarillo, Naranja, y Rojo, tomando progresivamente mayor longitud de onda, son excelentes para producción de electricidad Solar Fotovoltaica (FV).

Las longitudes de onda más largas, presentes en la luz solar, la Infra Roja (720-1100 nm), es ideal para aplicaciones térmicas tales como calentamiento de aire o de agua. Sin embargo, para funciones de esterilización de agua, sólo los rayos de longitudes de ondas cortas UV (en el entorno de 254 nm) son capaces de destruir los micro-organismos en el agua.

Existen tecnologías de conversión solar directa que usan la parte del espectro solar de los rayos UV naturales para interrumpir directamente la vida de los organismos patógenos en el agua. El uso directo de la radiación UV solar está en fase experimental y demostrable, pero no tan compacta y fiable como la actualmente desarrollada tecnología de esterilizador UV con electricidad solar.

Además, es interesante notar que la luz UV que cae naturalmente es menos del 2% de la emergía del espectro solar. Sin embargo nuestro enfoque consiste en usar la energía solar como una fuente de suministro de electricidad.

Los paneles solares FV modernos pueden tener un 14% de eficiencia en el campo. Por consiguiente, termodinámicamente, la conversión de energía solar, primero, en electricidad y luego hacer funcionar una lámpara UV, produce muchas veces más luz UV de 254 nm que la que ocurre con luz por metro cuadrado.

Este Book usa ejemplos de energía solar para `producir electricidad. La electricidad solar se usa para cargar un sistema de baterías. Las baterías cargadas con energía solar pueden dar potencia a un inversor para suministrar corriente estándar CA que puede energizar un sistema de Tratamiento UV de Agua sobre demanda.

Los Sistemas de Potencia Solar para su esterilizador UV incluirán un arreglo de paneles Solares FV, con el equipamiento de montaje para adicionar e instalar sus paneles in situ. La electricidad CD de los paneles solares está conectada a un Controlador de Carga.

El Controlador de carga es el "cerebro" del sistema, y realiza diversas funciones para mantener su sistema de energía seguro, y operando eficientemente. El Controlador de carga ajusta la potencia que viene del panel solar FV encontrando su Punto de Máxima Potencia. Los Controladores usan este Seguimiento del Punto de Máxima Potencia (SPMP o en inglés MPPT) para hacer coincidir la salida ideal desde los paneles con la carga de las baterías a un voltaje específico.

Los Controladores de carga también monitorean el voltaje de trabajo de la bacteria, y brindar protección a la bacteria por dos condiciones. Alto Voltaje y Bajo Voltaje.

Las condiciones de Alto Voltaje suceden cuando sus baterías están comenzando la sobrecarga. La sobrecarga es dañina para las baterías y pueden conducir a su fallo. Por consiguiente, el controlador de carga sensa esta condición y emplea un Desconector de Alto Voltaje (DAV) Este DAV (en inglés HVD) le dice al controlador que abra el circuito desde los paneles solares para que no ocurra más carga hacia las baterías.

Por otra parte, si el Voltaje de Baterías está sensado por el controlador cómo muy bajo, el controlador usa un Desconector de Bajo Voltaje (DBV o en ingles

LVD) para interrumpir el circuito de la potencia de carga, y que no salga más carga de la batería. La condición DBV es también dañina para las baterías y se usa para mayor protección del circuito.

Debido a que el tratamiento de agua es tan vital, el usuario debe estar apto para arrancar el sistema y tener agua limpia sobre demanda 24/7. Para lograr esto usamos un banco de baterías que almacena la energía proveniente de los paneles solares FV para dar potencia al esterilizador UV. Los ejemplos de bancos de baterías listados abajo en las muestras de sistemas, están basadas en la Energía total requerida por el esterilizador de agua UV para trabajar un número de horas diarias, y por la cantidad total de agua limpiada y entregada en Galones Por Día.

Respecto a los Suministros de Potencia, todos los voltajes funcionan "cuesta abajo." Si usted desea energizar a 12 VCD de carga desde un panel FV, usted necesitará producir más de 12 VCD en voltaje para manejar la carga ya sea desde un panel solar FV o desde una batería. Para que un panel solar FV produzca más de 12 VCD el fabricante debe cablear 36 celdas individuales en serie dentro del módulo. Cableándolas para una conexión en serie se "Adiciona" el voltaje produciendo un valor nominal de 18 VCD.

Bajo carga, que es cuando usted conecta el esterilizador UV, el voltaje caerá en cuánto el panel solar dirija al sistema.

Paneles solares más pequeños de 60 a 135 Watt son usualmente de 12 VCD. Si usted desea sistemas de mayor voltaje conecte esos módulos en serie. Dos en serie para 24 VCD. Cuatro en serie para 48 VCD. Paneles solares mayores, de 140 a 280 Watt son cableados y conectados a 24 VCD cada uno. Conecte dos paneles en serie para 48 VCD. El Voltaje CD del sistema solar FV está determinado por el Inversor que usted elija para dar Potencia a la Carga. A partir del voltaje de entrada del Inversor, usted determina su voltaje de trabajo de la bacteria (ellos deben encajar), y regresando desde aquí, usted podrá conocer a qué voltaje cablear su arreglo solar. De nuevo, el Voltaje CD Solar deberá coincidir con el Voltaje de la Batería, que en funcionamiento debe encajar con el Voltaje CD de Entrada del Inversor.

Nota: Cuando cable los paneles solares FV conéctelos en Serie para incrementar Voltaje (la corriente se mantiene igual), y conéctelos en paralelo para aumentar la Corriente (el voltaje se mantiene el mismo).

La energía producida por su panel Solar FV será la tasa de potencia multiplicada por las Horas – Pico diarias de su localidad.

Chequee su localidad con el Mapa de Potencia Solar, y anote cuantas Horas Sol Pico de radiación solar recibe su localidad. A

Montando Sus Paneles Solares en la localidad – Las Opciones.

Los paneles solares pueden montarse en una variedad de formas. Estas opciones incluyen el montaje sobre un Poste, sobre el Suelo, montaje en Techo, y montajes de Seguimiento Pasivo y Seguimiento Activo.

Los montajes fijos mantienen al panel solar con un ángulo de inclinación específico, el cual es ajustable. Para incrementar la salida de su arreglo de paneles solares FV, usted puede ajustar estacionalmente ese ángulo y así maximizar la exposición solar. Todos los montajes solares están hechos con inclinación mirando hacia el Sur cuando estamos situados en una localidad del Hemisferio Norte. (Nota: oriente sus paneles al Norte si está ubicado en una localidad del Hemisferio Sur).

Los paneles FV para bombeo de agua necesitan una estructura fuerte y fiable. Los paneles solares FV pueden ser montados sobre Poste, en su extreme superior, como a la cabeza del mástil, o aun lado de éste. El equipamiento para el montaje de Lado tiene un soporte a lo largo del fondo y de la parte superior del panel solar FV.

El montaje sobre Poste es una gran opción porque mantiene su panel por encima del suelo minimizando los efectos del suelo sobre el panel, tales como el incremento de la suciedad y el polvo. Además, cableando sus paneles, cómo ya están montados sobre la estructura soporte, es más fácil hacerlo manualmente que arrastrándose por debajo de ellos (Las cajas de conexión están situadas debajo de los paneles).

El montaje sobre Poste de su panel solar también hace la instalación más fácil. Los paneles solares pequeños se montarán sobre un tubo estándar de diámetro 1.5" (38.1 mm) Schedule #40. La preparación del sitio contempla cavar un hueco, y fijar el Poste con concreto.

Los arreglos solares FV mayores de hasta 2,000 Watt con montaje en el Extremo del Poste, se montarán en tubos de diámetro 2.5" (63.5 mm) Schedule #40, o de 3.5" (88.9 mm) y hasta de 4.5" (114.3 mm) para los arreglos más grandes. Los ejemplos mostrados más abajo mostrarán los diámetros específicos para sus montajes.

Para robustez y bajo costo, usted puede también hacer el Montaje en Suelo de sus paneles Solares. Este montaje en suelo se realiza generalmente con una Estructura en forma de A, que le permite a usted Ajustar el Ángulo de inclinación. El ángulo general ideal para montar sus paneles solares se encuentra tomando el ángulo de Latitud del sitio y restarle 15 grados. Así, si su localidad tiene una latitud de 45 grados, entonces el ángulo de inclinación apropiado de su arreglo solar FV debe ser de 30 grados medido desde la horizontal.

Nota: Si su sitio está en una Localidad tropical o en un sitio con clima Nuboso, el mejor ángulo de inclinación no es ningún ángulo. Monte sus paneles llanos, en un plano paralelo al del suelo. Así recibirá la mayor cantidad de radiación solar "Global", que es la radiación de los rayos directos y la indirectos.

Usted puede además montar su arreglo solar FV en su techo, si este está cerca de su sitio. En muchos casos no es posible, así que sólo menciono está variante cómo una opción más.

La producción de energía solar se incrementa si usted siempre está orientado hacia el sol. El equipamiento de seguimiento realiza esto en un solo eje – desde la Mañana hasta la Noche - o en dos ejes – Altitud y azimut – lo cual es más exacto.

Los seguidores están categorizados en dos tipos: pasivos, y activos. Los seguidores pasivos tales como las cajas Zomeworks tienen gran robustez, e incrementan la salida del panel solar FV en un 25% como promedio. Los seguidores tipo pasivo usan el calentamiento desigual de gases internos para autoajustar el panel a través de todo el día, siguiendo al sol. Por la mañana, esos seguidores resetean a la salida del sol y repiten el ciclo.

Los sistemas de potencia solar FV trabajan mejor bajo la luz solar directa. Siguiendo el paso del sol, los paneles solares FV incrementan su producción de energía más que el valor nominal.

Los seguidores activos que usan los de la firma Wattsun Active Trackers incrementan la salida de los paneles solares FV cómo mucho en un 35%. Usando servomotores y un sensor solar, energizado con un arreglo de paneles solares FV independiente, os seguidores Wattsun extraen el máximo de salida de energía de su arreglo solar FV.

Hay un incremento del costo por el equipamiento, pero el rendimiento del sistema se incrementa dramáticamente. Si su sitio es muy remoto, le recomendaría un sistema sin partes móviles, e ir a un sistema de montaje de tipo Extremo de Poste, que potencialmente no requiere mantenimiento.

Si su sitio tiene fácil acceso, o si está en una pequeña huella, el seguimiento activo es una gran solución para elevar su rendimiento.

En la muestra de sistemas listados abajo usaremos dos ejemplos de paneles solares FV. Para pequeños sistemas Solares FV tasados a 12 VCD cada uno, los paneles Dasol de 30, 60, 90, and 135 Watt de potencia, respectivamente, son los citados. Para los paneles Solares FV más grandes usaremos los populares y ampliamente disponibles módulos de 250 Watt de la línea REC tasados a 24 VCD cada uno.

Las baterías elegidas para la Lista de Componentes en los ejemplos de muestras de sistemas mostrados abajo, son las libres de mantenimiento, tipo selladas y resistentes a los escapes. Las Baterías Selladas de Gel están diseñadas para ser rústicas y fiables. Estas baterías pueden operar en cualquier orientación (arriba hacia abajo no se recomienda), y se fabrican para durabilidad y buen embarque.

Todos los sistemas solares FV de carga de baterías usarán un Controlador de Carga apropiadamente dimensionado, que `protegerá posteriormente el Banco de Baterías por la fiabilidad y libre de mantenimiento. Las Baterías usadas en los ejemplos son selladas de 12 VCD. Para sistemas mayores las baterías se conectan en serie o en paralelo, o en ambos, para encajar con el voltaje de entrada del Inversor.

Un inversor se adiciona para convertir la capacidad de CD de las baterías en electricidad CA monofásica para energizar el sistema de tratamiento UV de agua.

Consideraciones de Instalación y Ubicación de su Suministro de Energía Solar FV.

Su Sistema de Potencia Solar puede estar ubicado a alguna distancia de su sistema de esterilización UV de Agua. El esterilizador UV de Agua deberá montarse puertas adentro si la temperatura cae por debajo de 4 grados C (40 grados F). El rango óptimo de temperatura para el equipamiento esterilizador UV es entre 9 y 29 grados C. El sistema de potencia solar FV puede estar montado a 200 pie (60.96 m) de la ubicación del sistema Esterilizador UV de Agua.

Nota: Si sus paneles solares FV necesitan estar situados a más de 200 pies (60.96 m) del banco de Baterías, y el sistema Esterilizador UV de Agua, usted puede incrementar el Voltaje de su arreglo Solar FV para compensar las pérdidas de Voltaje debida al incremento de longitud del cableado. Traiga dentro su electricidad Solar FV por cables a su Banco de Baterías, donde su Controlador de Carga, las baterías y el Inversor están ubicados. Si su ubicación es en un local muy caliente incremente su voltaje de Arreglo Solar añadiendo otro panel en serie para incrementar el voltaje de la hilera FV.

Los sitios remotos son notorios por la dificultad para su abastecimiento. A menudo en ellos no hay potencia disponible, que es el punto de este eBook, para energizar sistemas de Tratamiento UV con esterilizadores, con energía solar FV. Como tales, la electrónica sensible de sus paneles solares requiere protección. Están incluidas en los ejemplos más abajo descritos, las cajas de protección climática de baterías, y de otras externalidades ambientales. Las cajas de baterías vienen aisladas o no. Si usted está en un clima muy frío úselas aisladas. Si su clima es templado, úselas sin aislar. Si el clima es caliente, úselas aisladas.

Los paneles Solares FV se montarán en el Extreme del Poste (otras Opciones existen, tales como Montaje en Suelo, en Techo, o con Seguimiento), para montar el arreglo Solar FV cómo en la cabeza de un mástil. El equipamiento de un mástil se fija en el extreme superior de un tubo de acero vertical, desde 1.5″ (38.1 mm) hasta 4.5″ (114.3 mm) en diámetro, Schedule #40, empotrado en el suelo para el montaje de paneles solares FV. Los arreglos de paneles solares FV mayores pu7eden usar montajes en el Suelo, como plataformas estables y fiables, ya que sus bases pueden estar seguras en el suelo, importante en localidades extremas.

La idea general es montar el sistema de Esterilizador UV de Agua ya sea a la Cañería Principal de Agua de la estructura o en el Punto de Uso. Es más deseable en el Punto de uso pues ahí no hay oportunidad para que atraviese la contaminación. Si usted monta el sistema UV a su Entrada Principal de Agua, asegúrese entonces de esterilizar la tubería corriente abajo para que el agua limpia llegue al usuario no contaminada.

Los Capítulos siguientes se enfocarán en los Sistemas de Tratamiento UV Específicos de Agua y el correspondiente Suministro de Energía Solar FV para un volumen dado de Tratamiento de Agua Diario en Galones Por Día (GPD) entregados.

Plan General:

Si su abasto de Agua para el tratamiento es desde una fuente Municipal, deberá usar el Sistema de esterilización UV de Agua y el Suministro de Energía Solar FV.

Si su abasto de Agua para el tratamiento es desde una fuente superficial tal cómo un estanque, lago, arroyo, corriente, o algún Tanque o Cisterna a la misma elevación, usted necesitará una fuente de presión, por lo que necesitará una Bomba de Superficie. Este eBook cubre el suministro de energía solar para los sistemas de esterilización UV de agua. Si usted necesita energizar su bomba con el sol vea mi otro eBook "Bombeo Solar FV de Agua" para especificaciones sobre bombeo solar y su suministro de energía.

Si su fuente de Agua es un Pozo Profundo, entonces usted necesitará una Bomba Sumergible, vea "Bombeo Solar FV de Agua" para especificaciones sobre bombas sumergibles y su suministro de energía.

En los siguientes ejemplos se discute acerca los Suministros de Energía Solar para un determinado Caudal de Tratamiento UV de Agua, y el número de Horas por Día que el sistema operará para una entrega dada de Agua en agua tratada expresada en Galones Por Día.

Capítulo Cuatro: Sistema Esterilizador UV de Agua a 4 GPM (15.1 LPM) con Suministro de Energía Solar desde 240 hasta 5,760 Galones Por Día (908.5 a 21,804 LPD)

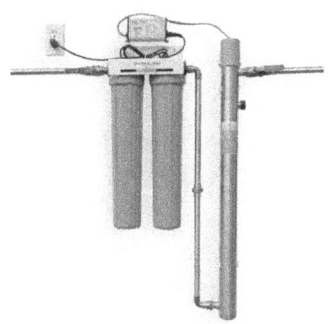

En este Capítulo observaremos el dimensionado de un Sistema de Tratamiento UV de Agua para el uso de una Pequeña Cabaña o Vivienda con Diferentes sistemas de Suministro de Energía Solar FV basados en la cantidad de Agua Por Día usted necesita esterilizar. Este sistema de esterilización UV tiene un caudal de 4 GPM (15.14 LPM) y es capaz de producir 240 Galones (908.5 Litros) de agua limpia por Hora. La cantidad total de agua por Día que usted podrá producir depende del tamaño del suministro de potencia Solar.   Este sistema de tratamiento UV de agua puede usar agua superficial, estanques, lagos, corrientes, pequeños ríos o pozos cómo fuente de agua.

El sistema de tratamiento UV de Agua usado en este Ejemplo es el modelo SYS-POU250 de la firma Wyckomar. Este sistema de tratamiento UV de agua es una construcción "Todo En Línea" donde todos los equipos están pre ensamblados, y pre testados por el fabricante. Entre los mayores componentes se encuentran los Filtros de línea, Filtros de Conexión, Cámaras de Lámparas UV, Balastros de Alta Eficiencia, con Alarma de Luz Baja, Válvulas de Alivio de la Presión, control de Desconexión manual, y accesorios de Entrada/Salida todos sobre un plato de montaje de acero Inoxidable.

El Suministro de Potencia Solar más pequeño en este Capítulo comenzará con el que corresponde al funcionamiento del sistema UV durante 1 Hora por Día. El próximo tamaño del Suministro Solar FV de Potencia hará funcionar el sistema durante 2 Horas por Día. El tercer sistema lo hará funcionar 4 Horas por Día.

El cuarto sistema es para hacer funcionar al esterilizador UV por 8 Horas al Día, y el último ejemplo a trabajo continuo con salida Total Diaria a 24 Horas con un estimado de 5,760 Galones Por Día (21,804 LPD).

Suministro de Potencia Solar

La demanda de potencia del sistema POS250 UV es de 75 Watt. La "energía" demandada es por tanto de 75 Watt-hora para cada hora del día que usted desee hacer funcionar su esterilizador UV de agua. Para este modelo de esterilizador UV de agua cada hora de uso requiere de una cantidad adicional de energía de 75 Watt-Hora, y el ejemplo de sistema de suministro de Potencia Solar se hace mayor.

Es fácil construir un sistema Solar FV para dar potencia a cargas a 12 ó 24 VCD, y los ejemplos mostrados más abajo incluirán una Lista de Partes para cada sistema de suministro de energía solar FV. Los sistemas solares FV más pequeños estarán basados en un sistema de carga de baterías de 12 VCD. El inversor que se incluye convertirá su voltaje CD de la batería en corriente CA estándar monofásico. Su sistema de tratamiento UV de agua está diseñado para electricidad CA, de modo que ambos sistemas, el esterilizador UV y el de potencia Solar, están instalados: justamente conecte el esterilizador UV con su plug dentro del inversor, y encienda.

Sistema UV Pre Ensamblado, Pre Testado y Empaquetado para Embarque

El sistema de tratamiento UV de Agua usado en este ejemplo es el modelo SYS-POU250 producido por la firma Wyckomar. Este sistema UV es totalmente integrado con todos los subsistemas componentes montados, testados y listos para ser instalados en una unidad. El panel está montado en acero inoxidable. Este sistema de tratamiento UV de agua está equipado con pre filtros de Dos Etapas, una Cámara de lámparas UV de esterilización, y un monitor con todos los accesorios, fontanería, válvulas y sistema de integración.

El sistema de esterilización de agua SYS-POU250 es un esterilizador ideal del tipo "Punto de Uso" para cabañas, RVs, casas remotas, y es mejor instalarlo en el último punto de la línea antes del uso final.

Fuente de Agua Presurizada:

Si su fuente de abasto de agua para tratamiento es a partir de una toma Municipal, un tanque presurizado o elevado, y tiene una pr4sión mínima de 20 PSI (1.36 bar), y un máximo de 125 PSI (8.5 bar), entonces usted puede conectar su esterilizador UV de agua directamente a la línea de agua, ya sea en la Cañería Maestra o en el Punto de Uso.

Fuente de Agua No Presurizada:

Si su fuente de agua es un Pozo local, entonces usted necesitará un Sistema de Bombeo de Agua frente al Esterilizador UV de agua para suministrar la presión de trabajo. Si éste es el caso, por favor refiérase a mi Book "Bombeo Solar FV de Agua" para suministros específicos de potencia solar y de bombas sumergibles para su situación particular respecto a la Profundidad de su Pozo. Cuando seleccione su sistema de Bombeo Solar de agua, fíjese que su sistema sea de 4 GPM (15.14 LPM) para esos ejemplos.

Si su agua viene de Fuentes Superficiales, tales como estanques , lagos, arroyos, corrientes o pequeños ríos, entonces usted necesitará una Bomba de Superficie para suministrar presión a su sistema UV. Si este es el caso, entonces refiérase a mi Book "Bombeo Solar FV e Agua" para suministros de potencia específicos y para bombas aplicadas a diferentes fuentes superficiales de agua, incluyendo filtros en línea que serán necesarios. Las fuentes superficiales de agua están típicamente comprometidas. Estas fuentes requieren filtros en Línea de Dos Etapas.

Ejemplo A - 240 Galones Por Día (908.5 LPD)

Esterilización de Agua a 4 GPM (15.14 LPM) – Caudal de agua entregado 240 Galones Por Hora (908.5 LPH). Tiempo de funcionamiento del Suministro de Potencia Solar: 1 Hora por Día. Entrega Diaria total en Producción de Agua Potable: 240 Galones Por Día (908.5 LPD)

Uso Típico: Cabinas, Botes, RVs, Casas Fuera de la Red, Sitios Remotos.

Listado de Partes:

Sistema Esterilizador UV de Agua:

Un (1) Sistema Esterilizador UV de Agua SYS-POU250 Wyckomar tasado a 4 GPM (15.14 LPM). Incluye: Filtración de Agua a Dos Etapas (5 Micrones) con Filtros de Sedimentos y Filtros de Carbón, Lámpara UV de Alta Intensidad, con manguito de cuarzo y monitor de alarma UV. Acoplamiento de Filtro, Válvulas de Alivio de Presión, con Balastro Electrónico de Alta Eficiencia. Todo Pre Ensamblado, Pre Testado y Plato de montaje de acero Inoxidable.

Arreglo Solar FV:

Un (1) panel Solar FV tasado a 30 Watt a 12 VCD. Ejemplo de panel solar: Dasol DS-A18-30. Dimensiones de cada uno: 27.2" x 13.8" x 1" (690.88 x 350.5 x 25.4 mm). Una (1) Estructura de Montaje en Extremo de Poste para un panel de 30 Watt, u otro similar para una tubería de diámetro 1.5" (38.1 mm) Schedule #40.

Batería/Controlador de Carga/Inversor:

Un (1) SunSaver-6, Controlador de carga tasado a carga de bacteria a 12 VCD hasta 6 Amp. Una (1) Batería MK 8GU1 Libre de Mantenimiento y Sellada tasada a 12 VCD @ 31 Amp-hora. Una (1) Caja de Batería montada al lado del Poste (debajo del panel solar FV). Un (1) Inversor para 12 VCD modelo Excel Tech XP 125 Watt CA Monofásica.

Nota: Este sistema de potencia solar está diseñado para funcionar una hora díaria para el Sistema de Esterilizador UV de Agua que produce 240 Galones por Día de agua potable. Mayores sistemas de tratamiento de agua están listados abajo.

Ejemplo B - 480 Galones Por Día (1817 LPD)

Esterilización de Agua a 4 GPM (15.14 LPM) – Caudal de agua entregado 240 Galones Por Hora (908.5 LPH). Tiempo de funcionamiento del Suministro de Potencia Solar: 2 Horas por Día. Entrega Diaria total en Producción de Agua Potable: 480 Galones Por Día (1817 LPD)

Uso Típico: Cabinas, Botes, RVs, Casas Fuera de la Red, Sitios Remotos.

Listado de Partes:

Sistema Esterilizador UV de Agua:

Un (1) Sistema Esterilizador UV de Agua SYS-POU250 Wyckomar tasado a 4 GPM (15.14 LPM). Incluye: Filtración de Agua a Dos Etapas (5 Micrones) con Filtros de Sedimentos y Filtros de Carbón, Lámpara UV de Alta Intensidad, con manguito de cuarzo y monitor de alarma UV. Acoplamiento de Filtro, Válvulas de Alivio de Presión, con Balastro Electrónico de Alta Eficiencia. Todo Pre Ensamblado, Pre Testado y montado en Plato de montaje de acero Inoxidable.

Arreglo Solar FV:

Un (1) panel Solar FV tasado a 60 Watt a 12 VCD. Ejemplo de panel solar: Dasol DS-A18-60. Dimensiones de cada uno: 27.2″ x 26.2″ x 1.38″ (690.88 x 665.5 x 35.05 mm). Una (1) Estructura de Montaje en Extremo de Poste para un panel de 60 Watt, u otro similar para una tubería de diámetro 1.5″ (38.1 mm) Schedule #40.

Batería/Controlador de Carga/Inversor:

Un (1) Sun Saver-10, Controlador de carga tasado a carga de bacteria a 12 VCD hasta 10 Amp. Una (1) Batería MK 8G22NF Libre de Mantenimiento y Sellada tasada a 12 VCD @ 50 Amp-hora.

Una (1) Caja de Batería montada al lado del Poste (debajo del panel solar FV). Un (1) Inversor para 12 VCD modelo Excel Tech XP 125 Watt CA Monofásica.

Nota: Este sistema de potencia solar está diseñado para funcionar Dos Horas Diarias para el Sistema de Esterilizador UV de Agua. Conecte sus paneles FV en Paralelo para incrementar Amperaje.

Voltaje CD del sistema: 12 VCD. Produce 480 GPD (1817 LPD) de agua potable. Mayores sistemas de tratamiento de agua están listados abajo.

Ejemplo C - 960 Galones Por Día (3,634 LPD)

Esterilización de Agua a 4 GPM (15.14 LPM) – Caudal de agua entregado 240 Galones Por Hora (908.5 LPH). Tiempo de funcionamiento del Suministro de Potencia Solar: 4 Horas por Día. Entrega Diaria total en Producción de Agua Potable: 960 Galones Por Día (3,634 LPD)

Uso Típico: Cabinas, Marinas, Botes, RVs, Casas Fuera de la Red, Sitios Remotos.

Listado de Partes:

Sistema Esterilizador UV de Agua:

Un (1) Sistema Esterilizador UV de Agua SYS-POU250 Wyckomar tasado a 4 GPM (15.14 LPM). Incluye: Filtración de Agua a Dos Etapas (5 Micrones) con Filtros de Sedimentos y Filtros de Carbón, Lámpara UV de Alta Intensidad, con manguito de cuarzo y monitor de alarma UV. Acoplamiento de Filtro, Válvulas de Alivio de Presión, con Balastro Electrónico de Alta Eficiencia. Todo Pre Ensamblado, Pre Testado y Plato de montaje de acero Inoxidable.

Arreglo Solar FV:

Dos (2) paneles Solares FV tasados a 60 Watt a 12 VCD, Total 120 Watt. Ejemplo de panel solar: Dasol DS-A18-30. Dimensiones de cada uno: 27.2" x 26.2" x 1.38" (690.88 x 665.48 x 38.1 mm). Una (1)

Estructura de Montaje en Extremo de Poste para dos paneles de 60 Watt cada uno, u otro similar para una tubería de diámetro 1.5″ (38.1 mm) Schedule #40

Batería/Controlador de Carga/Inversor:

Un (1) Sun Saver SS-15MPPT, Controlador de carga tasado a carga de bacteria a 12 VCD hasta 15 Amp. Una (1) Batería MK 8G34 Libre de Mantenimiento y Sellada tasada a 12 VCD @ 60 Amp-hora. Una (1) Caja de Batería montada al lado del Poste (debajo del panel solar FV). Un (1) Inversor para 12 VCD modelo Excel Tech XP 125 Watt CA Monofásica.

Nota: Sistema CD. Este sistema de potencia solar está diseñado para funcionar Cuatro Horas díarias para el Sistema de Esterilizador UV de Agua que produce 960 GPD (3,634 LPD) de agua potable. Mayores sistemas de tratamiento de agua están listados abajo.

Ejemplo D - 1,920 Galones Por Día (7,268 LPD)

Esterilización de Agua a 4 GPM (15.14 LPM) – Caudal de agua entregado 240 Galones Por Hora (908.5 LPH). Tiempo de funcionamiento del Suministro de Potencia Solar: 8 Horas Diarias. Entrega Diaria total en Producción de Agua Potable: 1920 Galones Por Día (7,268 LPD)

Uso Típico: Cabinas, Marinas, RVs, Casas Fuera de la Red, Sitios Remotos, Restaurantes, Vinerías, Cervecerías, Procesamiento de alimentos, Lecherías, Fábricas de queso, Clínicas.

Listado de Partes:

Sistema Esterilizador UV de Agua:

Un (1) Sistema Esterilizador UV de Agua SYS-POU250 Wyckomar tasado a 4 GPM. Incluye: Filtración de Agua a Dos Etapas (5 Micrones) con Filtros de Sedimentos y Filtros de Carbón, Lámpara UV de Alta Intensidad, con Manguito de Cuarzo y Monitor de Alarma UV, Acoplamiento de Filtro, Válvulas de Alivio de Presión, con Balastro Electrónico de Alta Eficiencia. Todo Pre Ensamblado, Pre Testado y Plato de montaje de acero Inoxidable.

Arreglo Solar FV:

Dos (2) paneles Solares FV tasados a 135 Watt a 12 VCD. Total 270 Watt en el arreglo. Ejemplo de panel solar: Dasol DS-A18-135. Dimensiones de cada uno: 27.2" x 26.8" x 1.38" (690.88 x 680.72 x 35.05 mm). Una (1) Estructura de Montaje en Extremo de Poste para dos paneles de 135 Watt cada uno, u otro similar para una tubería de 1.5" (38.1 mm) Schedule #40, empotrado dentro de un agujero con concreto.

Batería/Controlador de Carga/Inversor:

Un (1) Sun Saver SS15MPPT, Controlador de carga tasado a carga de bacteria a 24 VCD hasta 15 Amp. Dos (2) Baterías MK 8G34 Libre de Mantenimiento y Sellada tasada a 12 VCD @ 60 Amp-hora cada una. Una (1) Caja de Batería montada sobre el suelo estilo cofre. Puede ubicarse a 50 pies (15.2 m) de los paneles FV. Un (1) Inversor para 24 VCD modelo Excel Tech XP/24, 125 Watt CA Monofásica.

Nota: Dos baterías de 12 VCD están conectadas en serie para un sistema de 24 VCD. Este sistema de potencia solar está diseñado para funcionar ocho horas díarias para el Sistema de Esterilizador UV de Agua que produce 1920 GPD (7,267.9 LPD) de agua potable. Mayores sistemas de tratamiento de agua están listados abajo.

Ejemplo E - 5,760 Galones Por Día (21,804 LPD)

Esterilización de Agua a 4 GPM (15.14 LPM) – Caudal de agua entregado 240 Galones Por Hora (908.5 LPH). Tiempo de funcionamiento del Suministro de Potencia Solar: 24 Horas Diarias. Entrega Diaria total en Producción de Agua Potable: 5,760 Galones Por Día (21,804 LPD).

Uso Típico: Cabinas, Marinas, RVs, Casas Fuera de la Red, Sitios Remotos, Residencial, Comercio Ligero, Procesamiento de Alimentos, Cervecerías, Clínicas.

Listado de Partes:

Sistema Esterilizador UV de Agua:

Un (1) Sistema Esterilizador UV de Agua SYS-POU250 Wyckomar tasado a 4 GPM (15.14 LPM). Incluye: Filtración de Agua a Dos Etapas (5 Micrones) con Filtros de Sedimentos y Filtros de Carbón, Lámpara UV de Alta Intensidad, con Manguito de Cuarzo y Monitor de Alarma UV, Acoplamiento de Filtro, Válvulas de Alivio de Presión, con Balastro Electrónico de Alta Eficiencia. Todo Pre Ensamblado, Pre Testado y Plato de montaje de acero Inoxidable.

Arreglo Solar FV:

Cuatro (4) paneles Solares FV tasados a 250 Watt a 24 VCD. 1,000 Watt total del arreglo. Ejemplo de panel solar: REC Solar PV 250PE. Dimensiones de cada uno: 65.5″ x 39″ x 1.5″ (1,663.7 x 990.6 x 38.1 mm). Una (1) Estructura de Montaje en Extremo de Poste para cuatro paneles de 250 Watt, u otro similar para una tubería de diámetro 3.5″ (88.9 mm) Schedule #40.

Batería/Controlador de Carga/Inversor:

Un (1) Sun Saver SS15-MPPT, Controlador de carga tasado a carga de bacteria a 12 VCD hasta 15 Amp. Dos (2) Batería MK 8G30H Libre de Mantenimiento y Sellada tasada a 12 VCD @ 97 Amp-hora. Una (1) Caja de Batería montada en el suelo estilo cofre. Puede estar colocada hasta a 50 pies (15.24 m) de los paneles FV. Un (1) Inversor para 24 VCD modelo Excel Tech XP/24, 125 Watt CA Monofásica.

Nota: Dos baterías de 12 VCD están conectadas en serie para un sistema e 24 VCD. Este sistema de potencia solar está diseñado para funcionar 24 horas díarias para el Sistema de Esterilizador UV de Agua que produce 5,760 GPD (21.804 LPD) de agua potable. Mayores sistemas de tratamiento de agua están listados abajo.

Capítulo Cinco – Tratamiento UV de Agua a 8 GPM (30.28 LPM) con Suministro de Potencia Solar desde 960 hasta 11,520 Galones Por Día (3,634 a 43,607.8 LPD)

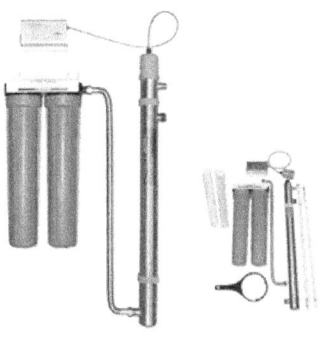

En este Capítulo vamos a observar los sistemas de tratamiento de agua con suministro de energía solar FV tasados a un caudal de 8 GPM (30.28 LPM). Ideales para sistemas Residenciales, los sistemas de tratamiento UV de agua usados en estos ejemplos son del modelo SYS-MD1003 de la firma Wyckomar. Este sistema de tratamiento de agua está construido Todo En Línea e incluye todo el equipamiento necesario Pre Ensamblado y testado. Los sistemas de tratamiento UV contienen filtrado de Dos Etapas en línea (5 Micrones), Acoplamiento, Cámara de Lámpara UV, Manguito de Cuarzo, Accesorios y

Válvulas de alivio de Presión, todo instalado y listo para funcionar.

Los siguientes suministros de Potencia Solar FV están diseñados para hacer funcionar el sistema de Tratamiento UV de Agua modelo MD1003 UV para el número de horas especificado para una entrega dada de agua Diaria Potable y placentera.

Suministro de Potencia Solar.

La demanda de potencia de este sistema es de 95 Watt. La demanda de "energía", por tanto, es de 95 Watt-hora para cada hora díaria de funcionamiento del esterilizador de agua que usted desee. Para este modelo de esterilizador UV cada hora de uso requerirá de 95 Watt-Hora adicionales de energía desde el sistema de potencia Solar FV, y el ejemplo del sistema se hará mayor.

Ejemplo F - 960 Galones Por Día (3,634 LPD)

Esterilización de Agua a 8 GPM (30.28 LPM) – Caudal de agua entregado 240 Galones Por Hora (908.5 LPH). Tiempo de funcionamiento del Suministro de Potencia Solar: 2 Horas Diarias. Entrega Diaria total en Producción de Agua Potable: 960 Galones Por Día (3,634 LPD).

Uso Típico: Cabinas, Marinas, Casas Fuera de la Red, Sitios Remotos, Residencial, Comercial, Procesamiento de Alimentos, Cervecerías.

Listado de Partes:

Sistema Esterilizador UV de Agua:

Un (1) Sistema Esterilizador UV de Agua SYS-MD1003 Wyckomar tasado a 8 GPM (30.28 LPM). Incluye: Filtración de Agua a Dos Etapas (5 Micrones) con Filtros de Sedimentos y Filtros de Carbón, Lámpara UV de Alta Intensidad, con Manguito de Cuarzo y Monitor de Alarma UV, Acoplamiento de Filtro, Válvulas de Alivio de Presión, con Balastro Electrónico de Alta Eficiencia. Todo Pre Ensamblado, Pre Testado y Plato de montaje de acero Inoxidable.

Arreglo Solar FV:

Un (1) panel Solar FV tasado a 135 Watt a 12 VCD. Ejemplo de panel solar: Dasol A-18-135. Dimensiones de cada uno: 27.2" x 26.2" x 1.38" (691 x 665.5 x 35.05 mm). Una (1) Estructura de Montaje en Extremo de Poste para cuatro paneles de 135 Watt, u otro similar para una tubería de diámetro 1.5" (38.1 mm) Schedule #40.

Batería/Controlador de Carga/Inversor:

Un (1) Sun Saver SS15-MPPT, Controlador de carga tasado a carga de bacteria a 12 VCD hasta 15 Amp. Una (1) Batería MK 8G324DT Libre de Mantenimiento y Sellada tasada a 12 VCD @ 73 Amp-hora. Una (1) Caja de Batería montada en el extremo del poste. Un (1) Inversor para 12 VCD modelo Excel Tech XP/ 125 Watt CA Monofásica.

Nota: Este sistema de potencia solar está diseñado para funcionar 2 horas díarias para el Sistema de Esterilizador UV de Agua que produce 960 GPD (3,634 LPD) de agua potable. Conecte sus paneles en Paralelo para incrementar el Amperaje. Voltaje del sistema CD: 12 VCD.

Ejemplo G - 1,920 Galones Por Día (7,268 LPD)

Esterilización de Agua a 8 GPM (30.28 LPM) – Caudal de agua entregado 480 Galones Por Hora (1,817 LPH). Tiempo de funcionamiento del Suministro de Potencia Solar: 4 Horas Diarias. Entrega Diaria total en Producción de Agua Potable: 1,920 Galones Por Día (7,268 LPD).

Uso Típico: Cabinas, Marinas, Casas Fuera de la Red, Sitios Remotos, Residencial, Comercial, Procesamiento de Alimentos, Cervecerías, Clínicas.

Listado de Partes:

Sistema Esterilizador UV de Agua:

Un (1) Sistema Esterilizador UV de Agua SYS-MD 1003 Wyckomar tasado a 8 GPM. Incluye: Filtración de Agua a Dos Etapas (5 Micrones) con Filtros de Sedimentos y Filtros de Carbón, Lámpara UV de Alta Intensidad, con Manguito de Cuarzo y Monitor de

Alarma UV, Acoplamiento de Filtro, Válvulas de Alivio de Presión, con Balastro Electrónico de Alta Eficiencia. Todo Pre Ensamblado, Pre Testado y Plato de montaje de acero Inoxidable.

Arreglo Solar FV:

Dos (2) paneles Solares FV tasados a 135 Watt a 12 VCD cada uno. 270 Watt total del arreglo. Ejemplo de panel solar: Dasol A-18 135. Dimensiones de cada uno: 27.2" x 26.2" x 1.38" (691 x 665.5 x 35.05 mm). Una (1) Estructura de Montaje en Extremo de Poste para dos paneles de 135 Watt cada uno, u otro similar para una tubería de diámetro 1.5" (38.1 mm) Schedule #40.

Batería/Controlador de Carga/Inversor:

Un (1) Sun Saver SS15-MPPT, Controlador de carga tasado a carga de bacteria a 24 VCD hasta 15 Amp. Dos (2) Batería MK 8G34 Libre de Mantenimiento y Sellada tasada a 12 VCD @ 60 Amp-hora. Una (1) Caja de Batería montada en el extremo del poste (montada bajo los paneles solares FV). Un (1) Inversor para 24 VCD modelo Excel Tech XP/ 125 Watt CA Monofásica.

Nota: Sistema CD con paneles FV conectados en paralelo. Este sistema de potencia solar está diseñado para funcionar 4 horas díarias para el Sistema de Esterilizador UV de Agua que produce 1,920 GPD (7,268 LPD) de agua potable.

Example H - 3,840 Galones Por Día (14,536 LPD)

Esterilización de Agua a 8 GPM (30.28 LPM) – Caudal de agua entregado 480 Galones Por Hora (1,817 LPH). Tiempo de funcionamiento del Suministro de Potencia Solar: 8 Horas Diarias. Entrega Diaria total en Producción de Agua Potable: 3,840 Galones Por Día (14,536 LPD).

Uso Típico: Cabinas, Marinas, Casas Fuera de la Red, Sitios Remotos, Residencial, Comercial, Procesamiento de Alimentos, Cervecerías, Clínicas.

Listado de Partes:

Sistema Esterilizador UV de Agua:

Un (1) Sistema Esterilizador UV de Agua SYS-MD1003 Wyckomar tasado a 8 GPM. Incluye: Filtración de Agua a Dos Etapas (5 Micrones) con Filtros de Sedimentos y Filtros de Carbón, Lámpara UV de Alta Intensidad, con Manguito de Cuarzo y Monitor de Alarma UV, Acoplamiento de Filtro, Válvulas de Alivio de Presión, con Balastro Electrónico de Alta Eficiencia. Todo Pre Ensamblado, Pre Testado y Plato de montaje de acero Inoxidable.

Arreglo Solar FV:

Dos (2) paneles Solares FV tasados a 250 Watt a 24 VCD cada uno. 500 Watt total del arreglo. Ejemplo de panel solar: REC Solar PV 250PE. Dimensiones de cada uno: 65.5" x 39" x 1.5" (1,663.7 x 990.6 x 38.1 mm). Una (1) Estructura de Montaje en Extremo de Poste para cuatro paneles de 250 Watt, u otro similar para una tubería de diámetro 2.5" (63.5 mm) Schedule #40, empotrado en hueco en el suelo con concreto.

Batería/Controlador de Carga/Inversor:

Un (1) Morning Star TS-MTTP-45, Controlador de carga tasado a carga de bacteria a 24 VCD. Dos (2) Baterías MK 8G24DT Libre de Mantenimiento y Sellada tasada a 12 VCD @ 73 Amp-hora. Una (1) Caja de Batería montada en el suelo estilo cofre. Puede estar colocada hasta a 50 pies (15,24 m) de los paneles FV. Un (1) Inversor para 24 VCD modelo Excel Tech XP/24, 125 Watt CA Monofásica.

Nota: Dos baterías de 12 VCD están conectadas en serie para dar 24 VCD. Dos paneles FV conectados en Paralelo. Este sistema de potencia solar está diseñado para funcionar 8 Horas Díarias para el Sistema de Esterilizador UV de Agua que produce 3,840 GPD (14,536 LPD) de agua potable.

Ejemplo I - 11,520 Galones Por Día (43,607.8 LPD)

Esterilización de Agua a 8 GPM (30.28 LPM) – Caudal de agua entregado 480 Galones Por Hora (1,817 LPH). Tiempo de funcionamiento del Suministro de

Potencia Solar: 24 Horas Diarias-Contínuo. Entrega Diaria total en Producción de Agua Potable: 11,520 Galones Por Día (43,607.8 LPD).

Uso Típico: Cabañas, Marinas, Casas Fuera de Red, Sitios Remotos, Residencial, Comercial, Procesamiento de Alimentos, Cervecerías, Clínicas, Hospitales, Pequeñas Villas, Granjas, Ranchos.

Listado de Partes:

Sistema Esterilizador UV de Agua:

Un (1) Sistema Esterilizador UV de Agua SYS-MD1003 Wyckomar de 4 GPM (15.14 LPM). Incluye: Filtración de Agua a Dos Etapas (5 Micrones) con Filtros de Sedimentos y Filtros de Carbón, Lámpara UV de Alta Intensidad, con Manguito de Cuarzo y Monitor de Alarma UV, Acoplamiento de Filtro, Válvulas de Alivio de Presión, con Balastro Electrónico de Alta Eficiencia. Todo Pre Ensamblado, Testado y Plato de montaje de acero Inoxidable.

Arreglo Solar FV:

Seis (6) paneles Solares FV de 250 Watt c/u a 24 VCD. 1,000 Watt total del arreglo. Ejemplo de panel solar: REC Solar PV 250PE. Dimensiones de cada uno: 65.5" x 39" x 1.5" (1,663.7 x 990.6 x 38.1 mm). Una (1) Estructura de Montaje en Extremo de Poste para seis paneles de 250 Watt, u otro similar para una tubería de diámetro 3.5" (88.9 mm) Schedule #40, empotrado en hueco en el suelo con concreto.

Batería/Controlador de Carga/Inversor:

Un (1) Morning Star TS-MPPT-60, Controlador de carga de bacteria a 24 VCD. Dos (2) Baterías MK 8G30H Libres de Mantenimiento y Selladas de 12 VCD @ 97 Amp-hora c/u. Una (1) Caja de Batería montada en suelo tipo cofre. Puede estar colocada hasta a 50 pies (15,24 m) de los paneles FV. Un (1) Inversor de 24 VCD Excel Tech XP/24, 125 Watt CA Monofásica.

Nota: Dos baterías de 12 VCD están conectadas en serie para un sistema de 24 VCD. Los paneles Solares FV están conectados como dos hileras en serie. Cada hilera de 3 paneles conectados en paralelo. Este sistema de potencia solar está diseñado para funcionar 24 horas díarias para el Sistema de Esterilizador UV de Agua que produce 11,520 GPD (43,607.8 LPD) de agua potable. Mayores sistemas de tratamiento de agua están listados abajo.

Capítulo Seis – Sistemas de Tratamiento UV de Agua a 12 GPM (45.42 LPM) para desde 2,880 hasta 17,280 Galones Por Día (10,902 a 65,411.7 LPD)

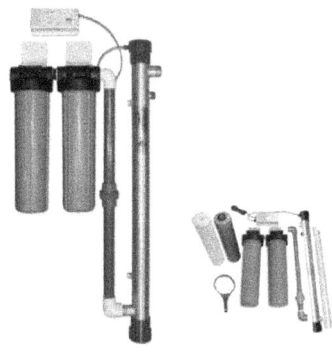

Este Capítulo observa los sistemas de esterilización UV de agua a caudales mayores. El modelo de esterilizador UV SYS-MD1004 trabaja a 12 GPM (45.42 LPM) y está diseñado para viviendas, edificios con líneas de 1" (25.4 mm). La entrada de 1" (25.4 mm) incrementa la capacidad y puede hacerse funcionar por cortos períodos de tiempo cada día, o durante 24 horas por día para uso continuado.

Los sistemas de Potencia Solar FV listados abajo usan paneles Solares FV para construir un Arreglo Solar con la potencia adecuada. Los sistemas incluyen el equipamiento de montaje sugerido, tal como Controlador de carga, Banco de Baterías, y el Inversor para producir la CA necesaria para hacer funcionar su sistema esterilizador UV.

La Dosis UV desde este esterilizador UV produce 54 mJ/cm2 (54,000 µsec/cm2) @ 95% UVT 38 mJ/cm2 (38,000 µsec/cm2) @ 70% UVT. Esta alta dosis de irradiación UV esteriliza salidas de uso comercial para procesamiento de alimentos, fábricas de quesos, hospitales, pequeñas villas, y en general cualquier capacidad instalada hasta 17,280 GPD (65,411.7 LPD) en operación continua.

Ejemplo J - 2,880 Galones Por Día (10,902 LPD)

Esterilización de Agua a 12 GPM (45.42 LPM). Caudal de agua entregado 720 Galones Por Hora (2,725.5 LPH). Tiempo de funcionamiento del Suministro de Potencia Solar: 4 Horas Diarias. Entrega Diaria total en Producción de Agua Potable: 2,880 Galones Por Día (10,902 LPD).

Uso Típico: Cabinas, Marinas, RVs, Casas Fuera de la Red, Sitios Remotos, Residencial, Comercio Ligero, Procesamiento de Alimentos, Cervecerías, Clínicas.

Listado de Partes:

Sistema Esterilizador UV de Agua:

Un (1) Sistema Esterilizador UV de Agua SYS-MD1004 Wyckomar tasado a 12 GPM (45.42 LPM).

Incluye: Filtración de Agua a Dos Etapas (5 Micrones) con Filtros de Sedimentos y Filtros de Carbón, Lámpara UV de Alta Intensidad, con Manguito de Cuarzo y Monitor de Alarma UV, Acoplamiento de Filtro, Válvulas de Alivio de Presión, con Balastro Electrónico de Alta Eficiencia. Todo Pre Ensamblado, Pre Testado y Plato de montaje de acero Inoxidable.

Arreglo Solar FV:

Un (1) panel Solar FV tasados a 250 Watt a 24 VCD. Ejemplo de panel solar: REC Solar PV 250PE. Dimensiones de cada uno: 65.5" x 39" x 1.5" (1,663.7 x 990.6 x 38.1 mm). Una (1) Estructura de Montaje en Extremo de Poste para cuatro paneles de 250 Watt, u otro similar para una tubería de 2.5" (63.5 mm) Schedule #40, empotrado en el suelo con concreto.

Batería/Controlador de Carga/Inversor:

Un (1) Sun Saver SS15-MPPT, Controlador de carga tasado a carga de bacteria a 24 VCD hasta 15 Amp. Dos (2) Baterías MK 8G24DT Libre de Mantenimiento y Sellada tasada a 12 VCD @ 73 Amp-hora. Una (1) Caja de Batería montada en el suelo estilo cofre. Puede estar colocada hasta a 50 pies (15.24 m) de los paneles FV. Un (1) Inversor para 24 VCD modelo Excel Tech XP/24, 125 Watt CA Monofásica.

Nota: Dos baterías de 12 VCD están conectadas en serie para un sistema de 24 VCD. Este sistema de potencia solar está diseñado para funcionar Cuatro Horas díarias para el Sistema de Esterilizador UV de Agua que produce 2,880 GPD (10,902 LPD) de agua potable. Mayores sistemas de tratamiento de agua están listados abajo.

Ejemplo K - 5,760 Galones Por Día (21,804 LPD)

Esterilización de Agua a 12 GPM (45.42 LPM) – Caudal de agua entregado 720 Galones Por Hora (2,725.5 LPH). Tiempo de funcionamiento del Suministro de Potencia Solar: 8 Horas Diarias. Entrega Diaria total en Producción de Agua Potable: 5,760 Galones Por Día (21,804 LPD).

Uso Típico: Cabinas, Marinas, Casas Fuera de la Red, Sitios Remotos, Residencial, Comercial, Procesamiento de Alimentos, Cervecerías, Clínicas, Granjas.

Solar PV Array:

Listado de Partes:

Sistema Esterilizador UV de Agua:

Un (1) Sistema Esterilizador UV de Agua SYS-MD1004 Wyckomar tasado a 12 GPM. Incluye: Filtración de Agua a Dos Etapas (5 Micrones) con Filtros de Sedimentos y Filtros de Carbón, Lámpara

UV de Alta Intensidad, con Manguito de Cuarzo y Monitor de Alarma UV, Acoplamiento de Filtro, Válvulas de Alivio de Presión, con Balastro Electrónico de Alta Eficiencia. Todo Pre Ensamblado, Pre Testado y Plato de montaje de acero Inoxidable.

Arreglo Solar FV:

Dos (2) paneles Solares FV tasados a 250 Watt a 24 VCD. 500 Watt total del arreglo. Ejemplo de panel solar: REC Solar PV 250PE. Dimensiones de cada uno: 65.5" x 39" x 1.5" (1,663.7 x 990.6 x 38.1 mm). Una (1) Estructura de Montaje en Extremo de Poste para cuatro paneles de 250 Watt, u otro similar para una tubería de diámetro 3.5" (88.9 mm) Schedule #40.

Batería/Controlador de Carga/Inversor:

Un (1) Morning Star TX-MPPT-45, Controlador de carga tasado a carga de bacteria a 24 VCD. Dos (2) Batería MK 8G24DT Libre de Mantenimiento y Sellada tasada a 12 VCD @ 73 Amp-hora cada una. Una (1) Caja de Batería montada en el suelo estilo cofre. Puede estar colocada hasta a 50 pies (15.24 m) de los paneles FV. Un (1) Inversor para 24 VCD modelo Excel Tech XP/24, 125 Watt CA Monofásica.

Nota: Dos baterías de 12 VCD están conectadas en serie para un sistema de 24 VCD. Los paneles Solares FV están conectados en Paralelo. Este sistema de potencia solar está diseñado para funcionar Ocho Horas díarias para el Sistema de Esterilizador UV de Agua que produce 5,760 GPD (21.804 LPD) de agua potable.

Ejemplo L - 8,640 Galones Por Día (32,706 LPD)

Esterilización de Agua a 12 GPM (45.42 LPM). Caudal de agua entregado 720 Galones Por Hora (2,725.5 LPH). Tiempo de funcionamiento del Suministro de Potencia Solar: 12 Horas Diarias. Entrega Diaria total en Producción de Agua Potable: 8,640 Galones Por Día (32,706 LPD).

Uso Típico: Cabinas, Marinas, Casas Fuera de la Red, Sitios Remotos, Residencial, Comercial, Procesamiento de Alimentos, Cervecerías, Clínicas.

Listado de Partes:

Sistema Esterilizador UV de Agua:

Un (1) Sistema Esterilizador UV de Agua SYS-MD1004 Wyckomar tasado a 12 GPM (45.42 LPM). Incluye: Filtración de Agua a Dos Etapas (5 Micrones) con Filtros de Sedimentos y Filtros de Carbón, Lámpara UV de Alta Intensidad, con Manguito de Cuarzo y Monitor de Alarma UV, Acoplamiento de Filtro, Válvulas de Alivio de Presión, con Balastro Electrónico de Alta Eficiencia. Todo Pre Ensamblado, Pre Testado y Plato de montaje de acero Inoxidable.

Arreglo Solar FV:

Cuatro (4) paneles Solares FV tasados a 250 Watt a 24 VCD. 1,000 Watt total del arreglo. Ejemplo de panel solar: REC Solar PV 250PE. Dimensiones de cada uno: 65.5″ x 39″ x 1.5″ (1,663.7 x 990.6 x 38.1 mm). Una (1) Estructura de Montaje en Extremo de Poste para cuatro paneles de 250 Watt c/u, u otro similar para una tubería de 3.5″ (88.9 mm) Schedule #40.

Batería/Controlador de Carga/Inversor:

Un (1) Morning Star TS—MPPT-45, Controlador de carga tasado a carga de bacteria a 24 VCD. Dos (2) Baterías MK 8G27 Libres de Mantenimiento y Selladas tasadas a 12 VCD @ 86 Amp-hora cada una.

Una (1) Caja de Batería montada en el suelo estilo cofre. Puede estar colocada hasta a 50 pies (15,24 m) de los paneles FV. Un (1) Inversor para 24 VCD modelo Excel Tech XP/24, 125 Watt CA Monofásica.

Nota: Dos baterías de 12 VCD están conectadas en serie para un sistema de 24 VCD. Este sistema de potencia solar está diseñado para funcionar 12 Horas díarias para el Sistema de Esterilizador UV de Agua que produce 8,640 GPD (32,706 LPD) de agua potable.

Ejemplo M - 17,280 Galones Por Día (65,411.7 LPD)

Esterilización de Agua a 12 GPM (45.42 LPM) – Caudal de agua entregado 720 Galones Por Hora (2,725.5 LPH). Tiempo de funcionamiento del Suministro de Potencia Solar: 24 Horas Diarias. Entrega Diaria total en Producción de Agua Potable: 17,280 Galones Por Día (65,411.7 LPD).

Uso Típico: Cabinas, Marinas, Casas Fuera de la Red, Sitios Remotos, Residencial, Comercial, Procesamiento de Alimentos, Cervecerías, Clínicas, Hospitales.

Listado de Partes:

Sistema Esterilizador UV de Agua:

Un (1) Sistema Esterilizador UV de Agua SYS-MD1004 Wyckomar tasado a 12 GPM (45.42 LPM). Incluye: Filtración de Agua a Dos Etapas (5 Micrones) con Filtros de Sedimentos y Filtros de Carbón, Lámpara UV de Alta Intensidad, con Manguito de Cuarzo y Monitor de Alarma UV, Acoplamiento de Filtro, Válvulas de Alivio de Presión, con Balastro Electrónico de Alta Eficiencia. Todo Pre Ensamblado, Pre Testado y Plato de montaje de acero Inoxidable.

Arreglo Solar FV:

Ocho (8) paneles Solares FV tasados a 250 Watt a 24 VCD c/u. 2,000 Watt total del arreglo. Ejemplo de panel solar: REC Solar PV 250PE. Dimensiones de cada uno: 65.5" x 39" x 1.5" (1,663.7 x 990.6 x 38.1 mm). Una (1) Estructura de Montaje en Extremo de Poste para ocho paneles de 250 Watt cada uno, u otro similar para una tubería de diámetro 6" (152.4 mm) Schedule #40, empotrado en el suelo con concreto.

Batería/Controlador de Carga/Inversor:

Un (1) Morning Star TS-MPPT-60, Controlador de carga tasado a carga de bacteria a 24 VCD. Cuatro (4) Baterías MK 8G27 Libres de Mantenimiento y Selladas tasadas a 12 VCD @ 86 Amp-hora cada una. Una (1) Caja de Batería montada en el suelo estilo cofre. Puede estar colocada hasta a 50 pies (15.24 m) de los paneles FV. Un (1) Inversor para 24 VCD modelo Excel Tech XP/24, 125 Watt CA Monofásica.

Nota: Cuatro baterías de 12 VCD están conectadas 2 en Paralelo, y esas hileras conectadas en serie para un sistema de 24 VCD. Este sistema de potencia solar está diseñado para funcionar 24 horas díarias para el Sistema de Esterilizador UV de Agua que produce 17,280 GPD (65,411.7 LPD) de agua potable.

Capítulo Siete – Sistemas de Esterilización UV de Agua para 30 GPM (113.6 LPM) desde 7,200 hasta 43,200 Galones Por Día (27,255 a 163,529.3 LPD).

Los mayores sistemas de Tratamiento UV de Agua tiene gran apetito por la fuente de agua y la energía. El modelo SYS-MD-1006 está tasado a 30 GPM (113.6 LPM). Dimensionado para tuberías de entrada de 1.5" (38.1 mm) esta unidad comercial puede procesar hasta 43,200 Galones por Día (163,529.3 LPD). Este modelo MD-1006 es un sistema de tratamiento de agua UV de escala comercial. La tubería de entrada es de diámetro 1.5" (38.1 mm).

Ejemplo N - 7,200 Galones Por Día (27,255 LPD)

Esterilización de Agua a 30 GPM (113.6 LPM). Caudal de agua entregado 1,800 Galones Por Hora (6,813.7 LPH). Tiempo de funcionamiento del Suministro de Potencia Solar: 4 Horas Diarias. Entrega Diaria total en Producción de Agua Potable: 7,200 Galones Por Día (27,255 LPD).

Uso Típico: Cabinas, Marinas, RVs, Casas Fuera de la Red, Sitios Remotos, Residencial, Comercial, Procesamiento de Alimentos, Cervecerías, Clínicas, Hospitales, Pequeñas Villas.

Listado de Partes:

Sistema Esterilizador UV de Agua:

Un (1) Sistema Esterilizador UV de Agua SYS-MD1006 Wyckomar tasado a 30 GPM (113.6 LPM). Incluye: Filtración de Agua a Dos Etapas (5 Micrones) con Filtros de Sedimentos y Filtros de Carbón, Lámpara UV de Alta Intensidad, con Manguito de Cuarzo y Monitor de Alarma UV, Acoplamiento de Filtro, Válvulas de Alivio de Presión, con Balastro Electrónico de Alta Eficiencia. Todo Pre Ensamblado, Pre Testado y Plato de montaje de acero Inoxidable.

Arreglo Solar FV:

Dos (2) paneles Solares FV tasados a 250 Watt a 24 VCD. 500 Watt total del arreglo. Ejemplo de panel solar: REC Solar PV 250PE. Dimensiones de cada uno: 65.5" x 39" x 1.5" (1,663.7 x 990.6 x 38.1 mm). Una (1) Estructura de Montaje en Extremo de Poste para cuatro paneles de 250 Watt c/u, u otro similar para una tubería de diámetro 2.5" (63.5 mm) Schedule #40, empotrado en suelo con concreto.

Batería/Controlador de Carga/Inversor:

Un (1) Morning Star TS-MPPT-45, Controlador de carga tasado a carga de bacteria a 24 VCD. Dos (2) Baterías MK 8G34 Libres de Mantenimiento y Selladas tasadas a 12 VCD @ 60 Amp-hora c/u. Una (1) Caja de Batería montada en el suelo estilo cofre. Puede estar colocada hasta a 50 pies (15.24 m) de los paneles FV. Un (1) Inversor para 24 VCD modelo Excel Tech XP/24, 125 Watt CA Monofásica.

Nota: Dos baterías de 12 VCD están conectadas en serie para un sistema de 24 VCD. Este sistema de potencia solar está diseñado para funcionar Cuatro Horas diarias para el Sistema de Esterilizador UV de Agua que produce 7,200 GPD (27,255 LPD) de agua potable.

Ejemplo O - 14,400 Galones Por Día (54510 LPD)

Esterilización de Agua a 30 GPM (113.6 LPM) – Caudal de agua entregado 1,800 Galones Por Hora (6,813.7 LPH). Tiempo de funcionamiento del

Suministro de Potencia Solar: 8 Horas Diarias.
Entrega Diaria total en Producción de Agua Potable:
3,600 Galones Por Día (13,627.4LPD).

Uso Típico: Cabinas, Marinas, Casas Fuera de la Red,
Sitios Remotos, Residencial, Comercial,
Procesamiento de Alimentos, Cervecerías, Clínicas,
Hospitales, Vinaterías, Restaurantes.

Listado de Partes:

Sistema Esterilizador UV de Agua:

Un (1) Sistema Esterilizador UV de Agua SYS-
MD1006 Wyckomar tasado a 30 GPM (113.6 LPM).
Incluye: Filtración de Agua a Dos Etapas (5
Micrones) con Filtros de Sedimentos y Filtros de
Carbón, Lámpara UV de Alta Intensidad, con
Manguito de Cuarzo y Monitor de Alarma UV,
Acoplamiento de Filtro, Válvulas de Alivio de
Presión, con Balastro Electrónico de Alta Eficiencia.
Todo Pre Ensamblado, Pre Testado y Plato de
montaje de acero Inoxidable.

Arreglo Solar FV:

Cuatro (4) paneles Solares FV tasados a 250 Watt a
24 VCD cada uno. 1,000 Watt total del arreglo.
Ejemplo de panel solar: REC Solar PV 250PE.
Dimensiones de cada uno: 65.5" x 39" x 1.5" (1,663.7
x 990.6 x 38.1 mm). Una (1) Estructura de Montaje
en Extremo de Poste para cuatro paneles de 250
Watt cada uno, u otro similar para una tubería de

diámetro 3.5" (88.9 mm) Schedule #40, empotrado en suelo con concreto.

Batería/Controlador de Carga/Inversor:

Un (1) Morning Star TS-MPPT-60, Controlador de carga tasado a carga de bacteria a 24 VCD. Dos (2) Baterías MK 8G30H Libre de Mantenimiento y Sellada tasada a 12 VCD @ 97 Amp-hora. Una (1) Caja de Batería montada en el suelo estilo cofre. Puede estar colocada hasta a 50 pies (15.24 m) de los paneles FV. Un (1) Inversor para 24 VCD modelo Excel Tech XP/24, 125 Watt CA Monofásica.

Nota: Dos baterías de 12 VCD están conectadas en serie para un sistema de 24 VCD. Este sistema de potencia solar está diseñado para funcionar Ocho Horas díarias para el Sistema de Esterilizador UV de Agua que produce 17,280 GPD (65,411.7 LPD) de agua potable.

Ejemplo P - 21,600 Galones Por Día (81,764.6 LPD)

Esterilización de Agua a 30 GPM (113.6 LPM) – Caudal de agua entregado 1,800 Galones Por Hora (6,813.7 LPH). Tiempo de funcionamiento del Suministro de Potencia Solar: 12 Horas Diarias. Entrega Diaria total en Producción de Agua Potable: 21,600 Galones Por Día (81,764.6 LPD).

Uso Típico: Cabinas, Marinas, Casas Fuera de la Red, Sitios Remotos, Residencial, Comercial, Procesamiento de Alimentos, Cervecerías, Clínicas, Hospitales, Pequeñas Villas.

Listado de Partes:

Sistema Esterilizador UV de Agua:

Un (1) Sistema Esterilizador UV de Agua SYS-MD1006 Wyckomar tasado a 30 GPM. Incluye: Filtración de Agua a Dos Etapas (5 Micrones) con Filtros de Sedimentos y Filtros de Carbón, Lámpara UV de Alta Intensidad, con Manguito de Cuarzo y Monitor de Alarma UV, Acoplamiento de Filtro, Válvulas de Alivio de Presión, con Balastro Electrónico de Alta Eficiencia. Todo Pre Ensamblado, Pre Testado y Plato de montaje de acero Inoxidable.

Arreglo Solar FV:

Seis (6) paneles Solares FV tasados a 250 Watt a 24 VCD cada uno. 1,500 Watt total del arreglo. Ejemplo de panel solar: REC Solar PV 250PE. Dimensiones de cada uno: 65.5" x 39" x 1.5" (1,663.7 x 990.6 x 38.1 mm). Una (1) Estructura de Montaje en Extremo de Poste para seis paneles de 250 Watt cada uno, u otro similar para una tubería de diámetro 6" (152.4 mm) Schedule #40, empotrado en suelo con concreto.

Batería/Controlador de Carga/Inversor:

Un (1) Morning Star-TS-MPPT-45, Controlador de carga tasado a carga de bacteria a 24 VCD. Dos (2) Baterías MK 8G30H Libres de Mantenimiento y Selladas tasadas a 12 VCD @ 97 Amp-hora cada una. Una (1) Caja de Batería montada en el suelo estilo cofre. Puede estar colocada hasta a 50 pies (15,24 m) de los paneles FV. Un (1) Inversor para 24 VCD modelo Excel Tech XP/24, 125 Watt CA Monofásica.

Nota: Dos baterías de 12 VCD están conectadas en serie para un sistema e 24 VCD. Este sistema de potencia solar está diseñado para funcionar 12 Horas díarias para el Sistema de Esterilizador UV de Agua que produce 21,600 GPD (81,764.6 LPD) de agua potable.

Ejemplo Q - 43,200 Galones Por Día (163,529.3 LPD)

Esterilización de Agua a 30 GPM (113.6 LPM) – Caudal de agua entregado 1,800 Galones Por Hora (6,813.7 LPH). Tiempo de funcionamiento del Suministro de Potencia Solar: 24 Horas Diarias - Contínuo. Entrega Diaria total en Producción de Agua Potable: 43,200 Galones Por Día (163,529.3 LPD).

Uso Típico: Cabinas, Marinas, Casas Fuera de la Red, Sitios Remotos, Residencial, Comercial, Procesamiento de Alimentos, Cervecerías, Clínicas, Pequeñas Villas.

Listado de Partes:

Sistema Esterilizador UV de Agua:

Un (1) Sistema Esterilizador UV de Agua SYS-MD1006Wyckomar tasado a 30 GPM (113.6 LPM). Incluye: Filtración de Agua a Dos Etapas (5 Micrones) con Filtros de Sedimentos y Filtros de Carbón, Lámpara UV de Alta Intensidad, con Manguito de Cuarzo y Monitor de Alarma UV, Acoplamiento de Filtro, Válvulas de Alivio de Presión, con Balastro Electrónico de Alta Eficiencia. Todo Pre Ensamblado, Pre Testado y Plato de montaje de acero Inoxidable.

Arreglo Solar FV:

Ocho (8) paneles Solares FV tasados a 250 Watt a 24 VCD cada uno. 2,000 Watt total del arreglo. Ejemplo de panel solar: REC Solar PV 250PE. Dimensiones de cada uno: 65.5" x 39" x 1.5" (1,663.7 x 990.6 x 38.1 mm). Una (1) Estructura de Montaje en Extremo de Poste para ocho paneles de 250 Watt cada uno, u otro similar para una tubería de diámetro 6" (152.4 mm) Schedule #40, empotrado en suelo con concreto.

Batería/Controlador de Carga/Inversor:

Un (1) Morning Star TS—MPPT-60, Controlador de carga tasado a carga de bacteria a 24 VCD. Cuatro (4) Baterías MK 8G30H Libres de Mantenimiento y Selladas tasadas a 12 VCD @ 97 Amp-hora cada una.

Una (1) Caja de Batería montada en el suelo estilo cofre. Puede estar colocada hasta a 50 pies (15.24 m) de los paneles FV. Un (1) Inversor para 24 VCD modelo Excel Tech XP/24, 125 Watt CA Monofásica.

Nota: Cuatro baterías de 12 VCD están conectadas a 2 hileras en Paralelo y esas hileras en serie para un sistema de 24 VCD. Este sistema de potencia solar está diseñado para funcionar 24 horas díarias para el Sistema de Esterilizador UV de Agua que produce 43,200 GPD (163,529.3 LPD) de agua potable.

Capítulo Ocho: Guía Rápida de Ejemplos de Sistemas de Tratamiento UV de Agua según Caudal y Galones Por Día.

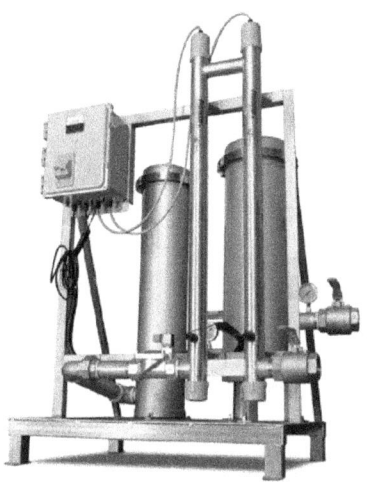

En los Capítulos anteriores están listados Diferentes sistemas de Tratamiento UV de Agua con Energía Solar FV basados en las fuentes de suministro de agua, ya sea un Pozo o una Fuente Superficial. Los ejemplos están definidos por el Caudal y la entrega Díaria de agua en Galones Por Día. Revise los sistemas que aparecen abajo y haga concordar sus especificaciones de proyecto y sus necesidades con los sistemas listados para escoger el que más cercano a sus requerimientos de agua.

Los Ejemplos de Sistemas de Tratamiento UV de Agua con Energía Solar FV están organizados en el siguiente listado por Caudales en Galones Por Minuto (GPM) y según la Entrega Diaria Total en Galones Por Día (GPD).

Sistema A: 4 GPM (15.14 LPM), Entrega 240 GPD (908.5 LPD)

Sistema B: 4 GPM (15.14 LPM), Entrega 480 GPD (1,817 LPD)

Sistema C: 4 GPM (15.14 LPM), Entrega 960 GPD (3634 LPD)

Sistema D: 4 GPM , (15.14 LPM) Entrega 1,920 GPD (7,268 LPD)

Sistema E: 4 GPM (15.14 LPM), Entrega 5,760 GPD (21,804 LPD)

Sistema F: 8 GPM (30.28 LPM), Entrega 960 GPD (3,634 LPD)

Sistema G: 8 GPM (30.28 LPM), Entrega 1,920 GPD (7,268 LPD)

Sistema H: 8 GPM (30.28 LPM), Entrega 3,840 GPD (14,536 LPD)

Sistema I: 8 GPM (30.28 LPM), Entrega 11,520 GPD (43,607.8 LPD)

Sistema J: 8 GPM (30.28 LPM), Entrega 2,880 GPD (10,902 LPD)

Sistema K: 8 GPM (30.28 LPM), Entrega 5,760 GPD (21,804 LPD)

Sistema L: 12 GPM (45.42 LPM), Entrega 8,640 GPD (32,706 LPD)

Sistema M: 12 GPM (45.42 LPM), Entrega 17,280 GPD (65,411.7 LPD)

Sistema N: 30 GPM , (113.6 LPM) Entrega 7,200 GPD (27,255 LPD)

Sistema O: 30 GPM (113.6 LPM), Entrega 14,400 GPD (54,510 LPD)

Sistema P: 30 GPDM (113.6 LPM), Entrega 21,600 GPD (81,764.6 LPD)

Sistema Q: 30 GPM (113.6 LPM), Entrega 43,200 GPD (163,529,3 LPD)

Asegúrese de planificar su proyecto de sistema de tratamiento UV de agua con energía solar FV en términos de Preparación del Sitio, Instalación de Equipos de Tratamiento UV de Agua, Suministro de Potencia Solar FV, así como toda la cablería, accesorios y soterramientos.

Tenga siempre PREACAUCIÓN CUANDO INSTALE DISPOSITIVOS ELÉCTRICOS. Los paneles solares FV producen respetables voltajes y amperajes, por lo que deben seguirse todos los procedimientos de seguridad. Asegúrese de Leer su Manual de Instalación muy cuidadosamente, y sig alas instrucciones al pie de la letra.

Si son adecuadamente montados e instalados, los sistemas de tratamiento UV de agua con energía solar FV ofrecen larga vida útil, gran productividad, facilidad de instalación y operación, y son muy fiables. Para más información sobre tratamiento UV de agua, paneles solares FV, Baterías, Inversores, Controladores de Carga, y cualquier otro equipamiento similar, por favor, visite **Solardyne.com** en la Web Mundial.

Muchas Gracias por Leer! Disfrute de su proyecto de Tratamiento UV de Agua!